KB234023

자폐를
겪는 아이들

자폐를 겪는 아이들

성민, 레나 헹 공저 | 문지현 감수 | 문희경 옮김

Contents

자폐증 이해하기의 첫 걸음

싱가포르에서는 지난 몇 년 동안 자폐증에 관한 폭넓은 이해가 이루어졌다. 요즘 부모들은 아이가 사회관계나 의사소통에 문제를 보이면 걱정을 한다. 그리고 교사는 학생에게 사회관계나 행동 문제와 같은 몇 가지 자폐증을 나타내는 기미가 보이는지 파악해서 부모에게 알려준다. 온 사회가 자폐증을 폭넓게 이해하기 시작하면서 싱가포르에서도 다양한 자폐아 치료 방법이 나오고 있다.

건강증진위원회 건물에 있는 아동상담센터에는 자폐증 상담을 신청하는 사례가 늘어났다. 중중 자폐아 말고도 경미한 수준의 자폐아도 아동상담센터를 찾는다. 2001년과 2002년에는 자폐증 사례가 매년 30개가 넘었다. 1994년에는 열 사례 미만이었던데 비해 크게 증가한 수치다. 아동상담센터를 찾는 아이들 대부분은 부모가 평가와 진단을 의뢰한 미취학 아동이다. 나머지 자폐증 진단을 받은 아이들은 초등학생이다.

지금까지 자폐증이 무엇인지 알아내기 위해 지난한 과정을 거쳤다. 그러나 자폐증이 무엇인지 충분히 알아내고 아이들을 치료하기까지 아직 갈 길이 멀다. 이 책에서는 발달장애의 일종인 자폐증으로 고통 받는 모든 아이를 위해 우리가 알아낸 지식을 나누고자 한다.

성민, 레나 헹

자기 안에 갇힌 아이들

　자폐증은 발달장애의 한 유형으로 전 세계 인구의 0.05퍼센트, 다시 말해서 인구 1만 명 중에 2명 내지 5명꼴로 나타나는 장애다. 자폐증은 흔히 발병하지 않는 장애이며 다른 아동기 장애에 비해서도 드물게 나타난다. 그래도 자폐증인 아이를 적절히 진단하고 치료하는 데 소홀히 해서는 안 된다.

　자폐증은 1943년에 미국의 소아정신과 의사 레오 캐너(Leo Kanner)가 처음 보고했다. 그 후로 다른 사람과 정상적인 사회적 관계를 맺기 힘들어하는 흥미로운 장애를 정의하고 치료하고 예후를 추적하는 분야에서 상당한 발전이 이루어졌다.

　자폐증을 진단하고 예후를 알아내기까지는 오랜 세월이 흘렀다. 지금은 자폐증에 관한 광범위한 정보와 연구가 축적된 상태라 자폐증 연구에 뛰어든 연구자들이 혼란스러워할 정도다.

　이 책은 자폐증에 관한 일반적인 질문에 답하고, 더불어 부모, 교사, 친척은 물론 자폐아를 생활 곳곳에서 마주치는 사람들에게 필요한 정보를 제공하고 도움을 주고자 한다.

"**자폐아**들은 사회적 단서를 이해하지 못한
다. 이들은 대부분 사회적 관계를 맺는 데 필요한 능력이 부
족하다. 눈 맞춤도 안 되고 주위에 무관심한 듯 보이기도 한
다. 때로는 다른 사람의 주체성과 감정을 이해하지 못하는
듯 보일 수도 있다."

Part 1

자폐증 개념의 변화

자폐증은 비교적 새로운 개념으로, 세상에 알려진지 60년밖에 되지 않았다. 자폐증에 관한 지식은 나날이 늘어나고 있다. 지금도 연구가 꾸준히 진행되고 있으므로 앞으로는 자폐증에 관한 이해가 훨씬 풍부해질 것이다.

▶ 자폐증이라는 개념은 언제, 어떻게 나왔는가?

1943년에 미국의 레오 캐너는 병원을 찾은 아이들 11명이 모두 '흥미로운 특징'을 보인다고 기술했다. 이 아이들은 다음과 같은 특징을 보였다.

- 반향언어(상대방의 말을 그대로 따라 하는 행동)
- 똑같은 방식을 고수하려고 고집을 부림
- 반복적인 행동
- 다른 사람의 존재를 인식하지 않음
- 또래 아이들과 어울려 상상놀이를 하지 못함
- 인칭대명사를 바꿔서 사용하기
- 언어로 소통하는 능력이 없음

겉으로는 지능이 정상인 것처럼 보이지만 여러 면에서 발달이 떨어진 행동을 보이는 아이들이 있다. 캐너는 이런 아이들을 가리켜 '유아 자폐증'(early infantile autism)이라고 불렀다. 캐너가 자폐증을 보고하기 전에는 이런 증상을 보이는 아이들을 정신이상자로 분류했다.

캐너와 비슷한 시기에 오스트리아 빈의 소아과 의사인 한스 아스퍼거(Hans Asperger)는 캐너의 환자들과 비슷한 증상을 보이는 어린이 환자에게 ‘자폐성 정신질환’(autistic psychopathy)이라는 병명을 붙였다.

◉ 자폐증에 관해서 어떤 논쟁이 이루어졌나?

1950년대와 1960년대에 스위스 정신과 의사인 브루노 베텔하임(Bruno Bettelheim)은 ‘냉장고처럼 차가운 엄마’ 때문에 자폐증에 걸린다는 가설을 내놓았다. 그러나 이후의 여러 연구에서 브루노의 주장이 타당하지 않은 것으로 밝혀졌다.

한편 자폐증의 본질에 관한 논쟁이 불거져 나왔다. 스위스의 심리학자 블로일러(Bleuler)가 설명했던 성인기 정신분열증을 자폐증과 혼동한 것이다. 그리하여 임상 전문가들이 자폐아를 ‘아동 정신분열증’ 이니 ‘유아 정신증’ 이니 하는 용어로 부르게 된 것이다.

◉ 자폐증의 의학모형은 어떻게 나왔는가?

연구자들은 혼란을 줄이기 위해 자폐증의 주요 증상을 정의하려고 시도해왔다. 1956년에는 자폐증의 주요 증상 두 가지를 지적했다.

· 극단적인 사회적 고립
· 똑같은 방식을 유지하는 것에 대한 집착

1968년에는 영국의 저명한 아동심리학자 마이클 루터(Michael Rutter)가 유아 자폐증의 네 가지 특징을 제안했다.

· 사회적 관심과 반응 부족

· 언어 손상

· 이상한 운동반응

· 생후 30개월 이전에 발병

▶ 자폐증 분류 기준은 어떻게 개발됐는가?

캐너와 루터가 내놓은 개념은 폐기되고 현재는 세계적으로 다음과 같은 두 개의 기준을 받아들인다.

· ICD 정신 및 행동 장애 분류 진단

· 정신장애의 진단 및 통계편람(DSM)

1970년대와 1980년대에는 이 두 가지 진단기준에서 정의하는 자폐증의 개념은 달랐지만 진단기준은 유사했다.

· ICD에서는 자폐증을 '아동기에 시작된 정신증' 이라고 보았고

· DSM에서는 자폐증을 전반적 발달장애라는 장애군의 일부로 보았다.

현재는 ICD와 DSM 모두에서 자폐증을 전반적 발달장애로 분류한다. 이 분류기준에 들어맞는 장애가 네 가지이며 그 중에 아스퍼거 증후군(Asperger's Syndrome)과 소아기 붕괴성 장애(Childhood Disintegrative Disorder)가 있다. 지금은 자폐증을 다양한 증상이 발현되는 장애의 스펙트럼으로 이해한다. 따라서 자폐증이라는 말 대신 자폐 스펙트럼 장애(Autistic Spectrum Disorder)라는 용어를 사용하기도 한다.

Part 2

자폐증이란 무엇인가?

'자폐증(autism)'이라는 용어는 '자기'를 뜻하는 그리스어 'autos'에서 나왔다. 자폐증은 초기 아동기에 발병하는 장애이며 여자아이보다 남자아이한테 4배나 많이 나타난다. 자폐증은 전반적 발달장애라는 광범위한 발달장애에 속한다. 전반적 발달장애가 있는 아이는 사회적 관계를 맺는 능력은 물론 언어능력과 비언어적 의사소통 능력이 떨어진다. 자폐아는 관심을 갖고 참여하려는 활동이 적고 3세 이전부터 발달이 지연된다.

● 자폐증을 흔히 자폐 스펙트럼 장애라 부르는 이유는 무엇인가?

자폐아는 정해진 증상만 보이는 것이 아니다. 아이마다 증상이 다르며 증상의 심각한 정도도 다르다. 자폐증의 여러 증상이 아이마다 독특한 방식으로 조합되어 나타나기 때문에 아이가 보이는 문제와 장애도 달라진다. 그래서 자폐증을 흔히 자폐 스펙트럼 장애라고 부르는 것이다.

● 자폐증의 주요 징후와 증상은 무엇인가?

자폐아는 다음 세 가지 영역에서 손상을 보인다.

· 사회적 관계

· 의사소통(언어와 비언어)

· 활동과 관심사

한편 운동활동(motor activity)에 이상이 있는 아이도 있다. 그러나 운동활동

이상은 자폐증 진단 기준에 포함되지 않는다.

사회적 관계

자폐아들은 사회적 단서를 이해하지 못한다. 이들은 대부분 사회적 관계를 맺는 데 필요한 타고난 능력이 부족하다. 눈 맞춤도 안 되고 주위에 무관심한 듯 보이기도 한다. 때로는 다른 사람의 주체성과 감정을 이해하지 못하는 듯 보일 수도 있다. 예를 들어 교사도 다른 누군가의 '엄마'일 수 있고 다른 사람들은 자신의 엄마를 '엄마'라고 부르지 않는다는 사실을 납득하지 못한다. 남들은 자기처럼 느끼고 자기처럼 생각하지 않을 수 있다는 점도 이해하지 못한다.

의사소통

자폐아 중에서 50퍼센트 정도가 언어를 습득하지 못한다. 말을 할 줄 아는 자폐아들도 정상적이고 반응적인 언어로 대답하지 않고 단어나 구문을 반복해서 말하는 반향언어 증상을 보이는 경우가 많다. 자폐아는 말을 곧이곧대로 이해하고 비꼬는 말이나 농담이나 은유 따위를 이해하지 못한다.

활동과 관심사

마지막으로 자폐아는 관심사가 제한적이고 물건을 빙글빙글 돌리거나 신발을 일정한 순서로 정리하는 등 몇 가지 활동만 고집할 수 있다. 일상생활의 질서가 어긋나거나 반복적인 활동이 방해를 받을 때는 화를 내기도 한다. 더불어 자폐아는 상상이나 가상놀이를 하는 일이 거의 없다.

* 욕구를 표현하지 못하고 말 대신 행동으로 표현함

* 몸을 흔드는 등의 의식적인 행동을 보임

* 아무 이유 없이 웃거나 울거나 화를 냄. 분노발작을 일으킴

* 혼자 있기를 좋아하여 다른 아이들이나 어른들과 어울리지 못함. 다른 사람과 적절한 방식으로 관계를 맺지 못함

* 정상적인 양육 방식에 반응을 보이지 않음

* 언어 단서에 반응을 보이지 않음. 청력검사에서 정상으로 나오는데도 귀가 안 들리는 사람처럼 행동함

* 특정한 장난감이나 물건을 가지고 놀거나 특별한 애착을 보임

* 고통에 과민하거나 아무런 반응을 보이지 않음

* 위험한 상황을 두려워하지 않음

* 과잉행동을 보이거나 반대로 전혀 움직이지 않음

* 대근 운동기술(gross motor skill : 큰 근육을 사용하는 기술)과 소근 운동기술(fine motor skill : 섬세한 근육을 사용하는 기술)이 고르지 않음

● 자폐증 환자의 지능은 어느 수준인가?

자폐증 환자의 지능 수준은 '심각한 지적장애(severe mental retardation)'에서 '매우 우수(very superior)'까지 다양할 수 있다. 지능이 평균 이상인 자폐증 환자를 고기능 자폐(high-functioning autism)라 한다.

고기능 자폐를 아스퍼거 증후군과 유사한 장애로 보는 사람도 있다. 그러나 아스퍼거 증후군은 고기능 자폐보다 전반적인 언어능력이 높은 편이다. 지능 수준도 보통 사람과 비슷하다.

● 자폐아는 글을 읽을 수 있는가?

자폐아 중에는 나이에 비해 많은 단어를 읽는 과잉언어증(hyperlexia)을 보이는 아이도 있다. 이들 중 일부는 읽을 수는 있어도 내용을 이해하지 못한다.

과잉언어증을 보이는 아이는 말을 이해하지 못하고 사회적 관계를 맺는 능력이 떨어지면서도 글자와 숫자에 흥미를 느낄 수 있다. 고기능자폐나 아스퍼거 증후군인 아이도 읽기 능력이 정상일 수 있다.

자폐 스펙트럼에 해당하는 아이는 대체로 시각적인 정보에 반응을 잘 보인다. 그림이나 기호나 글씨의 형태로 정보를 제시하는 경우에 내용을 잘 이해한다.

● 아스퍼거 증후군은 자폐증의 한 종류인가?

아스퍼거 증후군은 한스 아스퍼거가 처음으로 보고했다. 한스 아스퍼거는 남자아이들 중에서 지능과 언어발달은 정상이지만 자폐증과 유사한 행동을 보이고 사회기술과 의사소통 능력이 현저히 떨어지는 아이에게 나타나는 행동양식을 기술했다. 요즘은 아스퍼거 증후군을 자폐 스펙트럼 장애의 한 종류로 이해하는 추세다.

아스퍼거 증후군인 아이는 언어능력은 정상으로 발달하지만 사회적 몸짓을 이해하고 사회적 관계를 맺는 데 결함을 보인다. 운동발달의 필수적인 특징이 뒤늦게 나타나고 공놀이하면서 공을 잘 잡지 못하고 글씨를 똑바로 쓰지 못하는 등 어설픈 운동능력을 보여준다. 더불어 남에게 다가가는 법을 본능적으로 파악하지 못한다.

그러나 또래 아이들에 비해 인지(지능)발달에 심각한 지체를 보이지 않는다. 또한 나이에 맞게 일상생활을 해나가는 능력, 다시 말해서 자기 몸을 청결하게 유지하고 돈을 관리하는 등의 능력을 갖추고 있다. 천문학이나 지리학과 같은 한두 가지 과목에 특별한 관심을 보이기도 한다.

아스퍼거 증후군을 앓는 아이

진호는 열 살짜리 남자아이다. 공부는 잘하지만 친구가 하나도 없어서 걱정하던 부모가 진호를 아동상담센터에 데려왔다. 진호는 10개월에 걸음마를 떼고 말하기 시작했다. 일찍부터 책 읽는 걸 좋아하고 두 살에 벌써 도로표지판을 읽을 줄 알았다. 자동차 중에서도 특히 버스에 관심이 많아 버스 차종과 노선까지 구체적인 정보를 기억했다.

진호는 어휘력이 풍부하고 일상적인 대화를 할 때도 문법을 정확히 지켜서 말했다. 자기 말을 들어 주는 사람이 있으면 자기가 버스를 얼마나 좋아하는지 말하기를 좋아했다. 학교 친구들과 친하게 지내려고 해보았지만 친구관계는 계속 유지하지 못했다. 반 친구들은 진호를 '이상한 아이'로 보았고 진호는 친구들을 유치하다고 생각했다. 진호는 어른들과 어울리는 걸 좋아했고 운동신경이 둔해서 축구시합 같은 데 끼지 못했다. 체스 두는 걸 좋아하지만 이기지는 못했다. 남의 기분을 민감하게 파악하지 못하며 남들에게 상처주는 말을 하고도 크게 웃을 때가 있었다.

아동상담센터에서는 진호에게 아스퍼거 증후군 진단을 내리고 치료 프로그램을 연계해 주었다. 진호는 치료자의 도움으로 역할 연습을 하면서 다양한 사회적 상황에서 어떻게 행동해야 할지 배웠다. 지역사회 봉사자가 학교에 찾아가 진호가 잘 지내고 있는지 확인해 주었다. 담임교사도 진호의 문제를 알고 단짝을 만들어 주어 진호가 친구들과 잘 어울리도록 배려했다. 진호는 전보다 훨씬 좋아졌고 친구들도 따뜻하게 대해줘서 의미 있는 친구관계를 맺을 수 있었다.

● 자폐증을 설명하는 이론은 무엇인가?

┃ 마음맹 이론 ┃

마음맹 이론(mindblindedness theory)에서는 자폐증 환자에게는 '마음이론'(theory of mind)이 없어서 다른 사람 입장에 서지 못하고 남이 어떻게 행동할지 예측하지 못한다고 가정한다. 또 자폐증 환자는 사회인지 능력이 떨어지기 때문에 남이 보기에 '이상한 행동'을 하거나 여러 가지 사회적 상황에서 부적절한 행동을 한다고 본다.

마음이론이란 다른 사람의 생각, 믿음, 욕구, 의도를 추론하는 능력을 말한다. 이런 능력이 있어야 다른 사람의 행동을 이해할 수 있다. 다른 사람의 믿음과 욕구를 이해할 수 있어야 그 이해를 바탕으로 상대방이 어떻게 느끼는지 추측할 수 있다.

실행능력 장애 이론

실행능력 장애(executive dysfunction) 이론에서는 자폐증이 있으면 정상적인 사회관계를 맺는 데 필요한 인지 활동을 제대로 못한다고 설명한다. 다시 말해서 주의를 전환하지 못하고 미리 계획하지 못하며 융통성 있게 생각하지 못하며 현실과 거리 두기가 원활하지 않다.

중심 결집 능력의 결함

중심 결집 능력의 약화(weak central coherence) 이론에서는 자폐증 환자는 하나하나의 정보를 전체로 통합하는 능력이 떨어진다고 설명한다. 따라서 일반적인 사회행동의 복잡한 측면을 이해하지 못해 다양한 사회 상황에 잘 대처하지 못한다.

위의 모든 이론은 자폐증 정도가 다양한 환자의 공통적인 문제를 설명한다는 의미에서 서로 연결된다. 예를 들어 실행능력 장애로 인해 하나하나의 정보를 전체로 통합하지 못하고 또 그 결과 '마음이론'을 형성하지 못한다고 볼 수 있다.

자폐증과 아스퍼거 증후군 이외에도 세 가지 장애가 더 있다.

* **레트 증후군(Rett's Syndrome)** _ 주로 여자아이들에게 나타난다. 레트 증후군을 보이는 아이는 생후 6개월에서 18개월까지는 정상적으로 발달하다가 18개월 이후부터 이미 습득한 기술과 능력이 변화하거나 퇴행한다. 아무런 이유 없이 손을 떠는 등 반복적인 몸짓이나 행동을 하는 것이 특징이다.

* **소아기 붕괴성 장애(Childhood Disintegrative Disorder)** _ 매우 드물게 나타나는 장애다. 생후 2년 넘게 정상적으로 발달하다가 특별한 상해나 외상이 없는데도 갑자기 대소변을 가리지 못하거나 언어능력이 떨어지는 등 여러 영역에서 퇴행이 두드러지게 나타난다.

* **비정형 자폐증(Atypical Autism) / 미분류된 전반적 발달장애(Pervasive Development Disorder Not Otherwise Specified : PDDNOS)** _ 자폐증, 아스퍼거 증후군, 레트 증후군, 소아기 붕괴성 장애의 진단기준을 완벽하게 충족시키지 않는 환자 집단을 가리킨다.

Part 3

자폐증의 원인 이해하기

자폐증의 원인을 밝히기 위해 지금도 수많은 연구가 진행되고 있다. 온갖 가설이 난무하지만 아직 자폐증의 특징적인 기본 요소를 입증할만한 결정적인 증거는 나오지 않았다. 그러나 세월이 흐르면서 기술이 발달한 덕분에 앞으로는 자폐증을 폭넓게 이해하고 자폐증 환자를 효과적으로 치료할 수 있는 길이 열릴 것이다.

➤ 유전의 영향이 있는가?

여러 연구에서는 자폐증에 유전적 요인이 영향을 미친다는 결과를 제시한다. X 염색체와 15번 염색체를 비롯한 몇 가지 유전적 요인이 자폐증과 관련이 있는 것으로 보이지만 유전적 요인과 자폐증의 관계가 명확하게 밝혀진 것은 아니다.

한편 쌍생아 연구에서는 일란성 쌍생아의 36퍼센트가 동시에 자폐증을 가진 데 반해 이란성 쌍생아가 동시에 자폐증으로 진단받는 비율은 0퍼센트였다. 이러한 결과를 바탕으로 유전적 요인이 자폐증에 영향을 미치는 것으로 해석할 수 있다.

형제자매가 자폐증일 때 자폐증 환자가 될 확률은 전체 모집단에 비해 50배 내지 100배로 증가했다. 그러나 자폐증 형제가 있는 아이의 2퍼센트만 자폐증에 걸릴 정도로 낮은 수준이다. 그밖에 다른 요인이 작용할 수도 있다. 자폐아를 형제나 자매로 둔 아이 중 일부는 자폐증 진단을 받지 않았다 해도 언어 능력이나 사회 능력에 결함을 보일 수 있다.

▶ 뇌 기형으로 자폐증에 걸리는가?

지난 10여 년간 자기공명영상(MRI)이나 양전자방출 단층촬영술(Positron Emission Tomography)과 같은 새로운 기술이 나오면서 뇌를 정밀하게 연구할 수 있게 되었다. 이 같은 신기술을 이용해서 자폐증 환자의 뇌를 스캔한 결과 일부 자폐증 환자의 뇌파에 이상이 발견됐다.

그밖에도 다음과 같은 결과가 제시되었다.

· 자폐아의 뇌에 신경전달물질인 세로토닌 수치가 낮아진 것처럼 특정 화학물질이 불균형을 이룬다.
· 뇌간과 대뇌피질과 같은 뇌의 특정 영역이 자폐증과 상관관계를 보인다.
· 자폐증 환자 대부분은 보통 사람보다 머리 둘레가 큰 것으로 나타났다. 이상의 증거로 미루어 보아 뇌의 기질적 이상이 자폐증과 관련이 있다는 사실이 입증되긴 했지만 이 문제에 관해서는 아직 추가 연구가 필요하다.

▶ 백신으로 자폐증을 예방할 수 있는가?

홍역(Measles) - 볼거리(Mumps : 유행성 이하선염) - 풍진(Rubella)으로 구성된 이른바 MMR 중 하나인 풍진 백신이 자폐증 발병과 관련이 있다는 주장이 나온 적이 있었다. 아이들 몇이 풍진 예방주사를 맞고 자폐증 증상을 보인 이후에 나온 주장이다. 결국에는 특이한 경로로 자폐증을 일으킨 사례로 판명되었으며, 이들의 증상을 자폐증의 전형적인 증상으로 보기 어려웠다. 게다가 대부분의 경우 나중에 자폐증 증상이 사라졌다.

1998년에 런던 왕립자유병원(Royal Free Hospital)에서 실시한 연구에서는 MMR 예방 백신 중 하나인 홍역 백신과 자폐증의 관계를 제시했다. 그러나 2002년에 자폐아 500명을 대상으로 실시한 연구에 의하면 홍역 백신과 자폐증 사이에는 아무런 관련이 없는 것으로 밝혀졌다.

자폐증을 백신 예방접종과 연결시킨 이유는 예방접종을 맞히는 시기와 자폐증 증상이 발병하는 시기가 맞아 떨어졌기 때문인 듯하다. 확실한 증거가 나오기 전까지는 자폐증에 걸리는 확률에 비해 예방접종을 맞히는 중요성이 훨씬 크다는 점을 잊지 말아야 한다.

◉ 영양 결핍이나 영양 과다 때문에 자폐증에 걸리는가?

현재로서는 영양 결핍이나 영양 과다로 인해 자폐증에 걸린다는 증거가 없다. 그러나 자폐아는 유난히 편식이 심하고 그 결과 건강에 문제가 생기며 행동 문제를 일으킬 수 있다. 더욱이 행동의 변화를 일으키는 몇 가지 음식에 과민증과 알레르기 반응을 일으킬 수 있다. 그렇다고 해서 음식에 대한 알레르기 반응 때문에 본격적인 자폐증후군이 나타난다고 보기도 어렵다. 아이가 특정 음식물에 특이한 반응을 보인다면 소아과 상담이 필요하다.

◉ 난산 때문에 자폐증이 발병할 수 있는가?

난산으로 인해 뇌에 손상을 입어 자폐증이 발병할 수 있다. 그러나 이렇게 발병하는 사례는 극히 적다. 하지만 자폐아의 어머니는 자폐아가 아닌 아이의 어머니보다 임신이나 출산 관련 문제를 많이 경험했다. 연구가 진행된 자폐증 관련 요인은 아래와 같다.

· 산모의 나이
· 자녀의 출생 순서
· 임신 중 약물 복용

연구가 진행된 임신이나 출산 관련 문제는 아래와 같다.

· 임신 초기나 중기에 산모가 출혈을 보이는 경우

· 미숙아(미숙분만, 미숙분산)

· 과숙아(과숙분만, 과숙분산)

· 출생 시 아기의 호흡에 문제가 생긴 경우

▶ 생후 8개월 즈음에 어머니가 직장에 다니면서 아이에게 정성을 다하지 못한 것이 자폐증의 원인이 될 수 있는가?

1950년대와 1960년대에는 부적절한 자녀양육 방식 때문에 자폐증이 발병한다는 주장이 제기됐다. 그러나 이후의 수많은 연구 결과 자폐증인 자녀를 둔 부모는 양육 방식에 있어서 다른 부모와 차이를 보이지 않는 것으로 나타났다. 어머니가 직장에 다녀서 아이가 자폐증에 걸렸다고 자책할 필요가 없다. 자폐증은 부모의 양육방식 때문에 생기는 장애가 아니다.

Part 4

자폐증과 연관된 증상

자폐증으로 인해 다른 질병이나 장애에 걸리지는 않는다. 자폐증은 다른 발달장애나 질병이나 정신장애와 구분되는 별개의 장애다. 하지만 자폐증이 발병하는 과정에서 불안, 강박행동, 틱 장애, 수면장애, 부주의, 과잉행동, 간질, 우울과 같은 몇 가지 문제를 동반할 수는 있다.

자폐증과 관련된 문제로 충동조절장애나 공격성이 나타나고 아주 드문 예이긴 하지만 정신분열증이나 현실과 접촉하지 못하는 정신이상과 같은 심각한 정신장애가 나타나기도 한다.

자폐아들은 간혹 정서적으로나 신체적으로 몹시 불편해 보일 때가 있다. 이는 주어진 환경에 적절히 대처하지 못해서 생기는 문제일 수 있다. 따라서 자폐아가 이상행동을 보인다고 판단하기 전에 먼저 주변 환경부터 꼼꼼히 살펴야 한다. 행동치료를 시도하거나 주변 환경을 바꿔보는 것이 좋다. 한편 의학적 질환 때문에 이상행동이 나타날 수도 있다. 예를 들어 치통이 심해서 분노발작을 일으키기도 한다.

▶ 자폐아가 자주 불안해하는 이유는 무엇인가?

자폐아 중 상당수가 다양한 수준의 불안증을 보인다. 자폐아는 일상생활에서 여러 가지 상황에 부딪히기 때문에 불안해진다. 학교에서 자기 교실을 찾아가는 것처럼 보통 아이들에게는 단순한 일이라도 자폐아에게는 엄청난 스트레스를 주는 일이 될 수 있다. 불안증은 아래와 같은 다양한 형태로 드러날 수 있다.

- · 회피
- · 분노발작
- · 짜증
- · 복통이나 야뇨증과 같은 신체 증상

스트레스 요인을 찾아서 발생 빈도를 줄이면 불안을 줄이는 데 도움이 된다. 가능하면 아이에게 몇 가지 대처기술과 이완 기법을 가르쳐서 아이 스스로 마음을 진정시키도록 해주는 것이 좋다. 특별한 경우에는 불안완화제(불안장애 치료제)나 항우울제와 같은 약물을 처방할 수도 있다.

● 강박행동(obsessive-compulsive behavior)이란 무엇인가?

강박사고(obsession)와 강박행동(compulsion)이란 반복적이고도 침입적으로 나타나는 생각과 의례행위(ritual)를 말한다. 강박사고와 강박행동은 일상생활에 침투하여 큰 고통을 유발한다. 자폐증은 원래 강박행동과 비슷하게 반복적인 행동을 보이는 장애다. 가령 특정한 습관을 반복하고 사람들의 생일과 같은 특정 주제에 집착하기도 한다. 강박사고와 강박행동은 대부분 행동치료로 다루어야 한다. 간혹 온갖 방법을 다 써도 좋아지지 않던 증상이 약물치료 덕분에 사라지기도 한다.

● 자폐아가 틱 증상을 보이는 이유는 무엇인가?

스트레스가 심하면 틱 증상이 심하게 나타나기도 한다. 틱이란 갑작스럽고 반복적이며 무의식적인 동작이나 음성을 말한다. 틱의 예로는 눈을 깜박이거나 머리를 뒤틀거나 어깨를 움찔하는 동작이 있다. 음성 틱은 콧노래를 부르거나 헛기침하는 등의 단순한 것부터 상스러운 욕설을 내뱉는 식으로 복합적인 소리를 내는 것까지 다양하다.

스트레스를 받으면 틱 증상이 심해질 수 있으므로 스트레스를 최소한으로 줄이는 쪽으로 상황에 변화를 주면 도움이 된다. 진정제를 복용하는 방법도 도움이 된다.

▶ 수면장애는 어떻게 나타나는가?

자폐아의 약 10퍼센트가 수면장애를 보인다. 자폐아는 다른 아이보다 잠을 적게 자거나 잠을 재우기까지 시간이 많이 걸릴 수 있다.

▶ 자폐아에게 주의력결핍과잉행동장애(ADHD)가 나타나는가?

자폐아는 주의력 결핍이나 과잉행동을 보일 수 있다. 그러나 정해진 일과에 변화가 생기거나 일정한 구조나 틀이 없거나 주변에서 들리는 소리나 몸의 감각 때문에 주의가 흐트러지는 등 여러 가지 이유에서 주의력 결핍과 과잉행동이 일어날 수 있다. 자폐아에게 ADHD 진단을 내리기 전에 이런 문제부터 살펴야 한다. 자폐아에게 ADHD 진단이 내려졌으면 먼저 행동치료로 접근해야 하며 특별한 경우에는 메칠페니데이트(Methylphenidate)라는 중추신경자극제를 처방할 수 있다.

▶ 간질이란 무엇인가?

간질을 흔히 발작이라고도 한다. 발작이라고 하는 이유는 의식을 잃은 상태에서 특정한 동작이 나타나기 때문이다. 자폐아도 간혹 간질 증상을 보인다. 주로 아동기나 청소년기에 나타난다. 간질은 의학적 증상으로 자칫 생명에 위협을 줄 수 있기 때문에 반드시 의사의 치료를 받아야 한다. 간질 발작이 일어나면 곧바로 소아과에 가야 한다. 간질을 다스리기 위해서는 주로 약물치료를 받는다.

➤ 자폐아가 우울증에 걸리는 이유는 무엇인가?

자폐아에게 우울증이 발병하기도 한다. 자기에게 문제가 있는 것을 알아채기 시작하는 사춘기에 우울증이 나타날 수 있다. 우울증이 발병하면 자존감이 떨어지고 고립감과 절망감에 압도당할 수 있다.

그밖에도 불면증, 체중감소와 식욕부진, 집중력 저하, 어디에서도 즐거움을 찾지 못하고 가끔씩 자살 생각에 빠지는 증상이 나타난다. 이런 증상을 보이는 아이는 옆에서 잘 보살펴주어야 한다. 아이에게 장애를 긍정적인 눈으로 바라보게 해주는 방법도 도움이 된다. 우울증이 심각할 때는 항우울제 같은 약물을 처방하면 증상을 잠재우는 데 도움이 된다.

사 례

우울증을 동반한 자폐증

학민이는 열다섯 살 소년인데 네 살에 자폐증 진단을 받았다. 초등학교는 무사히 마쳤다. 그러나 중학교에 들어간 뒤로는 공부가 부담스러워지면서 문제가 불거지기 시작했다. 자기가 머리가 나쁘다고 의심하면서 학교 수업에 잘 따라가는 친구들에 비해 스스로 열등하다고 느꼈다. 친구들도 학민이를 멀리하기 시작했다.

이런 모든 변화를 겪으며 학민이는 집에서 짜증을 부렸다. 분노발작을 자주 일으키고 가족들에게 소리를 지르거나 방문을 쾅 닫고 방안에 틀어박혔다. 밤에 잠을 잘 이루지 못하고 입맛을 잃어 식사도 거르기 시작했다.

학민이는 아동상담센터에서 우울증 진단을 받고 약을 복용했다. 임상심리사에게 상담을 받으면서 친구들과 다른 자기 모습 때문에 쌓인 분노를 표출하고 스트레스를 관리하는 기술도 배웠다. 기분이 나아지자 학민이는 다시 즐겁게 학교에 다니기 시작했다. 집에서 짜증부리는 일도 점차 줄어들었다.

"아이가 자폐증인지 걱정된다면 개인병원
이나 종합병원에 가서 진찰을 받아야 한다. 필요한 경우에는
추가 검사를 받게 된다. 아니면 소아과의사나 심리학자나 정
신과 의사와 상담할 수도 있다. 때에 따라서는 '아무 문제없
다.' 거나 '크면 괜찮아진다.' 는 말을 들을 수도 있다."

Part 5

자폐증 평가하기

아이가 의사소통과 사회관계 영역에서 발달이 늦어지거나 경직된 행동양식을 보인다면 전문가에게 문의하여 자폐증일 가능성이 있는지 알아보아야 한다. 이 장에서는 아이가 자폐증인지 판별할 수 있는 중요한 특징을 설명한다.

● 어떤 행동을 특히 주의해서 살펴보아야 하는가?

아이에게 다음과 같은 행동이 나타나는지 살펴본다.

- 분노발작을 일으킨다.
- 비정상적으로 활동적이다.
- 말을 듣지 않고 반항한다.
- 장난감을 가지고 놀 줄 모른다.
- 특정한 행동을 되풀이하거나 같은 텔레비전 프로그램을 반복해서 시청한다.
- 발끝으로 서서 걷는다.
- 장난감에 비정상적으로 애착을 갖는다. (예를 들어 어느 한 가지 물건을 항상 들고 다닌다.)
- 물건을 일렬로 정리한다.
- 특정한 질감이나 소리에 과민반응을 보인다.
- 머리를 세게 부딪치거나 팔을 퍼덕거리는 식의 이상한 동작을 한다.

◗ 의사소통에서는 어떤 문제를 지켜보아야 하는가?

아이가 다음과 같은 특이한 행동을 보이면 각별한 관심을 기울여야 한다.

- 이름을 불러도 반응을 보이지 않는다.
- 무엇을 원하는지 표현하지 못한다.
- 언어발달이 느리다.
- 부모의 지시를 따르지 않는다.
- 간혹 소리를 듣지 못하는 사람처럼 행동한다.
- 소리를 듣는 것처럼 보이기도 하고 듣지 못하는 것처럼 보이기도 한다.
- 물건을 가리키지도 않고 작별인사를 할 때 손을 흔들지 않는다.
- 처음에는 몇 마디 말을 했지만 지금은 말을 전혀 하지 않는다.

◗ 사회적 관계에서는 어떤 문제를 지켜보아야 하는가?

정상적으로 발달하는 아이는 또래 친구나 어른들과 잘 어울린다. 아이가 다음과 같은 특이한 행동을 보이면 각별히 관심을 기울여야 한다.

- 사람들 앞에서 웃지 않는다.
- 혼자 노는 것을 좋아한다.
- 혼자 일을 처리하는 것을 좋아한다.
- 지나치게 독립적이다.
- 눈 맞춤이 잘 되지 않는다.
- 자기만의 세계에 갇혀 산다.
- 부모 말을 듣지 않는다.
- 또래 아이들에게 관심이 없다.

◉ 정밀 검사를 받아보아야 할 중요한 징후는 무엇인가?

위에 열거한 항목 대부분은 정상으로 발달하는 아이에게도 나타나지만 다음과 같은 특이한 행동이 나타나면 반드시 정밀 검사를 받아보아야 한다.

- 생후 12개월에도 옹알이를 하지 않는다.
- 생후 12개월에도 손으로 대상을 가리키거나 손을 흔드는 식의 몸짓을 보이지 않는다.
- 생후 24개월에도 반향언어 외에 자발적으로 두 단어 이상의 구문을 말하지 않는다.

어느 시기라도 언어능력이나 사회능력을 잃어버린다면 정상이 아니다. 아이가 이 두 가지 능력을 상실했다면 병원에 가서 검사를 받아보아야 한다.

◉ 전문가의 도움을 받으려면 어디에 찾아가야 하는가?

아이가 자폐증인지 걱정된다면 개인병원이나 종합병원에 가서 진찰을 받아야 한다. 필요한 경우에는 추가 검사를 받거나 소아과 의사나 심리학자나 정신과 의사와 상담할 수도 있다. 때에 따라서는 '아무 문제없다.' 거나 '크면 괜찮아진다.' 는 말을 들을 수도 있다. 그래도 걱정이 된다면 다른 의사의 소견을 들어본다. 무엇보다도 조기에 정확히 평가해야 아이에게 필요한 도움을 줄 수 있다.

◉ 전문가와의 상담은 어떻게 진행되는가?

자폐 스펙트럼 장애 진단은 임상적인 판단이다. 현재로서는 자폐증 진단 검사가 개발되지 않았기 때문에 전문가가 아이를 직접 진찰하고 부모와 상담한 다음에 자폐증을 진단한다. 전문가는 부모와 상담하면서 다음과 같은 내용을 묻는다.

· 출생과 발달

· 사회적 행동

· 행동 양식

· 의사소통 능력

· 학습 능력

아이가 유치원이나 학교에 다닌다면 온전히 평가하기 위해 담임교사의 소견이 필요하다. 아이가 어느 정도 성장해서 검사를 받을 수 있을 정도라면 심리평가를 통해 인지능력을 평가할 수 있다.

또한 아이가 특이한 행동을 하는지 지켜보고 놀이를 하면서 다른 사람과 관계를 맺고 대화하는 모습을 관찰할 수도 있다. 이는 병원에서 흔히 하는 평가 양식이다. 그밖에 필요한 검사로는 신경학적 검사, 청력 검사, 감각운동 검사가 있다.

◑ 자폐증 진단 검사가 없는데 어떻게 자폐증을 평가하는가?

의사가 자폐 스펙트럼 장애를 정확하게 평가하는 데 도움이 되는 진단 도구가 있다. 그러나 이 도구는 자폐증 진단에 반드시 필요한 것은 아니고 평가 과정에 도움을 주는 유용한 보조 도구다.

두 가지 주요 진단 도구가 있다. 하나는 부모가 아이에 관한 질문에 답하는 도구이고, 다른 하나는 전문가가 직접 아이를 관찰하는 도구다.

│ 자폐증 진단을 위한 부모 면접 도구 │

· 길리엄 자폐 평가척도(Gilliam Autism Rating Scale)

· 자폐 진단 면접 - 개정판(Autism Diagnostic Interview - Revised)

· 사회 및 의사소통 장애 진단용 면접(Diagnostic Interview for Social and Communication Disorders)

┊ 자폐증 진단을 위한 관찰 도구 ┊

· 아동기 자폐증 평가척도(Childhood Autism Rating Scale)

· 자폐증 진단 관찰 척도(Autism Diagnostic Observation Schedule - Generic)

 **자폐증 평가척도**

✻ 길리엄 자폐증 평가척도

이 척도는 아동부터 22세 미만의 청소년까지 자폐증을 평가하고 진단하는 데 유용한 도구다. 부모, 교사, 정신건강 전문가가 사용할 수 있도록 설계되었다.

✻ 아동기 자폐증 평가척도

이 척도는 1970년대 초반에 개발됐다. 관찰한 행동을 바탕으로 평가하며 생후 2세 이상의 아이에게 적용할 수 있다. 15점 척도로 다른 사람과 맺는 관계, 몸을 움직이는 방식, 변화에 적응하는 모습, 듣는 태도와 대화하는 모습을 평가한다.

❯ 조기에 진단을 받으면 어떤 장점이 있는가?

아이가 정식으로 자폐증 진단을 받는다고 해서 아이에게 '낙인'을 찍는 것은 아니다. 조기에 진단을 받으면 다음과 같은 장점이 있다.

· 아이와 가족이 장애에 수월하게 대처할 수 있다.

· 효과적인 치료 전략을 시작할 수 있다.

· 부모나 보호자가 적절한 지지를 받으며 중압감에서 벗어날 수 있다.

조기에 치료를 시작하면 자폐아의 치료 결과도 좋아진다고 한다. 또 정식으로 진단을 받음으로써 필요한 혜택을 받을 수도 있다. 자폐증에는 유전적 요인이 영향을 미친다는 증거가 있다. 정확히 어떤 경로로 영향을 미치는지에 관해서는 아직 충분히 연구가 이루어지지 않았지만 자녀를 더 낳으려는 가족의 경우에는 유전자 문제를 상담받을 수 있다.

❯ 아이가 자폐증 진단을 받았다면 어떻게 해야 하는가?

진단을 받은 다음에는 적절한 조치나 치료 방법을 찾아야 한다. 행동치료와 작업치료가 도움이 될 수 있다. 자폐증인 아이는 모두 사회적 상호작용, 의사소통, 관심사, 활동 영역에서 문제를 보이지만 영역마다 나타나는 장애의 정도는 모두 다르다. 따라서 아이에게 최상의 치료 기회를 마련해주려면 각 영역의 발달 수준을 정확히 파악해야 한다.

❯ 자폐증을 치료할 방법이 있는가?

자폐증을 완치할 수는 없지만 취약한 부분을 개선시키는 데 도움이 될 만한 치료 방법은 있다. 말을 하지 않아서 다른 발달까지 지체되는 아이라면 언어치료를 중심으로 접근해야 한다. 사회기술훈련을 통해 효과를 보는 아이도 있다. 나이가 많은 아이는 장차 직업을 가질 수 있도록 직업훈련을 받아볼 필요가 있다. 먼저 전문가와 상담한 다음에 다양한 치료법을 배우고 적합한 기관을 소개받는 것이 좋다.

Part 6

행동치료로 자폐증 치료하기

행동치료 혹은 행동수정은 간단히 말해서 주어진 상황에 새로운 방식으로 대응하는 법을 가르쳐서 행동양식을 바꿔나가는 기법이다. 행동치료는 개인의 행동에 초점을 맞추어 바람직하지 않은 행동을 없애고 바람직한 행동을 만들어나가는 것을 목적으로 한다. 행동치료는 훈련받은 전문가가 실시한다.

➤ 행동치료는 어떻게 진행되는가?

행동치료의 첫 단계에는 주로 아이의 부모가 다음과 같은 역할을 수행한다.

· 아이가 자주 하는 행동을 관찰한다.

· 바람직하지 않은 행동을 하기 전에 무슨 일이 있는지 확인한다.

· 바람직하지 않은 행동을 할 때 부모 스스로 어떻게 대응하는지 확인한다.

이렇게 관찰하는 목적은 바람직하지 않은 행동이 어떻게 작용하는지 살펴보고 그 행동을 유발하는 요인을 찾아내기 위해서다. 가령 아이가 관심을 끌려고 소리를 지르거나 화가 난 것을 표현하려고 손뼉을 칠 수 있다.

치료자는 아이를 관찰한 결과를 바탕으로 바람직한 행동을 결정하고 아이의 부모에게 안 좋은 행동을 없애면서 새롭고 적절한 행동을 만들어나가는 방법을 알려준다.

➤ 행동치료에서 보상이나 긍정적 강화의 역할은 얼마나 중요한가?

격려와 긍정적 강화(positive reinforcement)와 보상은 행동치료의 필수요소다. 새로운 행동을 가르칠 때 세 가지 요소를 적극 활용한다. 반면에 바람직하지 않은 행동에는 부정적 강화(negative reinforcement)를 쓸 수 있다. 부정적 강화라고 해서 벌준다는 뜻이 아니고 아이에게 필연적인 결과를 보여줘서 바람직하지 않은 행동이 바람직하지 않은 결과를 낳는다는 사실을 가르치는 것을 말한다.

➤ 행동수정 프로그램은 어떻게 진행되는가?

행동수정 프로그램은 크게 여섯 단계로 이루어진다. 학교나 가정에서 실시할 수 있다.

1단계 : 관찰할 행동 지정하기

먼저 바꾸려는 행동을 정의해야 한다. 예를 들어 아이가 얼마나 자주 공격적인 행동을 보이는지 파악하는 데서 그칠 것이 아니라 다른 사람을 때리는 횟수를 줄이도록 하는 것이 더 중요하다. 수정할 행동을 찾았으면 행동을 감시하고 새로운 행동을 조성하기 위해 아이 주변의 모든 사람에게 수정할 행동이 무엇인지 알려야 한다.

2단계 : 행동의 빈도 파악하기

기저선을 찾고 개선된 정도를 파악하는 데 유용한 방법이다. 특히 아이의 문제에 여러 사람이 관여할 때는 객관적인 측정치가 없으면 어느 정도 개선됐는지 파악하기 어렵다. 한 사람만 관여했다 해도 어느 정도로 심각한 행동인지 판단하는 데는 여러 가지 환경 요인이 영향을 미칠 수 있다. 요컨대 행동이 일어나는

빈도를 객관적으로 측정할 수 있어야 아이도 꾸준히 노력하고 개선된 정도를 도
표로 그리기 쉬워진다.

| 3단계 : 목표 설정 |

목표는 항상 긍정적으로 설정해야 한다. 바람직하지 않은 행동에 벌주기보다
는 바람직한 행동에 보상을 주는 것이 훨씬 도움이 된다. 한편 바람직하지 않은
행동을 줄이려고 애쓰는 데 그치지 말고 바람직하지 않은 행동을 중단한 후 대
체할 수 있는 바람직한 행동을 가르쳐야 한다. 행동마다 이면에 작용과정이 있
다. 유사한 방식으로 작용하는 새로운 행동을 가르쳐주지 않으면 바람직하지 않
은 행동을 없애기가 매우 어렵다.

| 4단계 : 단서 배열 |

단서란 어떤 행동을 유발하는 신호를 말한다. 어깨를 툭 치는 것과 같은 사회
적인 단서가 될 수도 있고 특정한 장소에 가는 것과 같은 물리적인 단서가 될 수
도 있다. 예를 들어 학교에 가면 '학교에 어울리는' 행동을 하고, 놀이터에 가면
'놀이터에 어울리는' 행동을 한다. 어깨를 툭 치는 행위는 같이 이야기를 나누
던 상대방을 돌아보라는 단서가 될 수 있다.

| 5단계 : 강화 제공 |

강화에는 긍정적 강화와 부정적 강화가 있다. 긍정적 강화는 아이에게 바람직
한 행동을 새로 익히게 하는 데 도움이 된다. 물질적인 보상을 제공할 수는 있지
만 반드시 칭찬과 격려를 함께 해줘야 한다. 그래야 새로 익힌 행동을 물질적인
보상과 연결시킬 뿐 아니라 진정으로 내면화시킬 수 있다.

어떤 행동을 짧은 시간 안에 없애려 할 때는 부정적 강화, 곧 처벌을 사용할 수

도 있다. 다시 말해서 바람직하지 않은 행동을 하면 반드시 부정적인 결과가 나타난다는 점을 각인시킨다. 부정적 강화는 아이에게 효과적인 방법이 아닐 수 있다. 단순히 관심을 끌려고 하는 행동일 때는 그 행동에 관심을 보이지 않는 것만으로도 부정적 강화가 될 수 있다. 부정적 강화를 사용할 때는 다음과 같은 점을 유념해야 한다.

· 아이에게 바람직한 대체 행동을 가르친다.
· 부정적 결과는 행동을 한 사람 때문이 아니라 행동 자체로 인해 나타난다.

6단계 : 프로그램 평가

위의 다섯 단계를 마치면 행동수정 프로그램의 성공 여부를 평가해야 한다. 다음과 같은 사항을 자문해보자.

· 아이에게 바람직하지 않은 행동이 줄어들고 바람직한 행동이 늘어났는가?
변화가 없었다고 판단되면 프로그램이 제대로 작동하지 않은 부분을 찾아내야 한다.
· 설정한 목표가 아이에게 너무 높은가?
· 단서가 도움이 되는가?
· 강화가 제대로 작용하는가?

부정적인 결과가 정말로 '부정적' 이었는가? 부정적 강화가 간접적으로는 보상이 될 때가 있다. 예를 들어 아이를 처벌하는 과정에서 더 많은 관심을 가져주는 경우가 있다. 정기적으로 프로그램을 검토하고 평가하면 부모와 교사와 보호자가 치료 방향을 조정하는 데 도움이 될 수 있다.

Q. 아이가 사람들 앞에서 자주 손뼉을 친다. 이런 행동은 어떻게 바꿀 수 있는가?

우선 손뼉을 치는 행동이 아이에게 어떻게 작용하는지 파악해야 한다. 예를 들어 새로운 상황에 부딪힐 때 손뼉을 치는 아이가 있는가 하면, 원하는 물건을 손에 넣지 못해 화가 나서 손뼉을 치는 아이도 있다. 손뼉치기가 아이에게 어떻게 작용하는지 파악한 다음에는 무엇을 해야 할지 결정해야 한다. 아이의 욕구를 충족시킬 다른 방법을 마련해주지 않고 무작정 손뼉을 치지 못하게 하는 것은 도움이 되지 않는다. 문제 행동을 줄여나가야지 완전히 없애려고 해서는 안 된다. 이럴 때는 손바닥 전체를 마주치지 말고 손가락만 흔들게 할 수 있다.

바람직하지 않은 행동 대신 필요한 대안 행동을 찾았으면 바람직한 행동을 모방하고 조형하고 집중적으로 강화해야 한다. 행동수정이 효과를 발휘하는 데는 시간이 걸린다. 무엇보다도 중요한 점은 강화와 보상을 일관되게 제시하는 것이다.

사 례 행동치료와 약물치료 병행 사례

현수는 열네 살 소년으로 중등도의 지적장애를 동반한 자폐증 진단을 받았다. 말을 못해서 원하는 것을 말로 요구하지 못한다. 현수는 주로 집안에서 지내며 특별히 몰두하는 활동이 거의 없다. 현수의 아버지는 택시 운전사로서 장시간 운전을 하고 가정주부인 어머니는 현수를 돌보는 일에 매달린다. 현수의 부모는 현수가 분노발작을 자주 일으켜서 아동 임상심리사를 찾아갔다. 현수는 큰소리로 울음을 터트리고 소리를 지르며 물건을 집어던지고 어머니를 밀치기까지 한다. 한 시간이나 달래도 분노발작이 진정되지 않을 때도 있다. 현수의 어머니는 집안일을 도맡아 하느라 현수의 요구를 다 들어주기 힘들다고 털어놨다.

임상심리사는 현수의 부모에게 현수를 위해 일정한 생활규칙과 구조를 만들게 했다. 아침에 일어나서 세수하고 식사하고 텔레비전 보는 시간을 일일이 정해주었다. 더불어 간단한 집안일을 돕게 했다. 어머니에게는 저녁마다 현수를 데리고 산책을 나가도록 했다. 현수에게 행동치료뿐 아니라 짜증을 줄여주는 플루옥세틴이라는 항우울제를 복용하도록 했다. 그 결과 전보다 분노발작을 일으키는 횟수가 줄었고 훨씬 빨리 진정됐다. 상태가 좋아지자 하루에 몇 시간 동안 돌봐주는 보육시설에 다니기 시작했다. 덕분에 어머니는 간절히 원하던 개인시간을 가질 수 있었고 현수는 가족 말고 다른 사람을 만날 기회가 생겼다.

Part 7

작업치료로 자폐아 치료하기

작업치료(occupational therapy)는 목적이 있는 활동을 연습해서 일상생활의 여러 활동을 스스로 해나갈 수 있도록 도와주는 치료법이다. 자폐아에게는 주로 감각이나 운동 영역에 관한 작업을 실시하며 일상생활의 기술을 습득하는 활동에 초점을 맞춘다. 폭력적인 태도를 보이는 청소년일 때는 행동수정 프로그램을 병행하기도 한다.

◉ 아이에게 작업치료가 필요할지 알아보는 방법은 무엇인가?

작업치료사는 우선 아이의 능력을 평가한 다음 아이에게 맞는 치료과정을 설계한다. 아이의 요구에 따라 적용해야 할 치료 유형의 예는 다음과 같다.

저 긴장성 아이(근육 긴장이 저하된, 근육이 축축 처지는 아이)

놀이, 의도적인 활동, 과중한 일, 공간 움직임을 통해 대근육운동을 자극하는 데 초점을 맞춘다.

좌우 협응에 문제를 보이는 아이

양손과 양다리와 몸의 좌우에 협응 능력을 기르는 데 초점을 맞춘다.

언어발달에 문제를 보이는 아이

입 근육을 단련시키는 연습을 시킨다. 언어치료사가 집중 치료를 한다.

실행이란 숙련된 동작을 계획하고 수행하는 능력이다. 실행에 문제가 있는 아이는 몸의 움직임을 계획하는 데 어려움을 겪는다. 운동능력을 향상시키고 (미리 계획해서) 적절한 시간을 택하고 정확하게 움직이게 하는 데 치료의 초점을 맞춘다.

작업치료사는 아이가 한 번에 한 가지 운동기술을 완전히 숙달할 수 있도록 천천히 진행한다. 일단 한 가지 운동기술을 습득하면 그 부분에 있어서는 매우 능숙해질 수 있다.

● 감각통합 치료란 무엇이며 자폐증 치료에 도움이 되는가?

감각통합(sensory integration)이란 감각을 통해 환경에서 정보를 받아들이고 환경을 받아들이기에 유용한 형태로 정보를 조직화하는 과정을 말한다.

자폐아는 환경에서 받아들인 다양한 자극을 조직화하는 과정에서 문제를 보인다. 환경에서 주어지는 자극에 과민하게 반응하거나 반대로 반응을 거의 보이지 않아서 정보를 이해하지 못할 수 있다. 자폐아에게는 예측 가능한 규칙적인 일과가 필요하며 예상대로 상황이 돌아가지 않으면 몹시 화를 낸다.

감각통합 능력에 문제가 있는 자폐아가 흔히 보이는 행동은 다음과 같다.

· 발끝으로 서서 걷는다.

· 손뼉을 치는 등 여러 가지 반복적인 동작을 보인다.

· 배경의 소음을 예민하게 감지한다.

· 빛과 선풍기와 물에 관심을 보인다.

· 물건 돌리기를 좋아한다.

· 고통이나 온도를 자각하지 못한다.

· 활동 수준이 극단적이다.(과도하게 활동하거나 반대로 몸을 거의 움직이지 않는다.)

· 길에서 우연히 옆을 스친 사람을 마구 때린다.

· 모래나 젤리 타입의 그림물감처럼 특정한 질감이 나는 물질을 만지기 싫어한다.

· 머리를 자르는 것처럼 몸단장하는 활동을 극도로 꺼린다.

· 소리와 냄새에 비정상적으로 민감하다.

감각통합 치료에서는 신체 여러 감각기관에서 받아들인 정보를 조직화하는 법을 배운다. 이 치료법이 자폐아 치료에 큰 도움이 된다는 보고가 있다. 감각통합 치료에 관한 정보는 책이나 인터넷을 통해 쉽게 접할 수 있다. 아이가 감각통합 치료로 도움을 받을 수 있을지 확신이 서지 않으면 전문가에게 문의한다.

Part 8

그밖에 여러 가지 치료법

자폐증의 구체적인 증상을 직접 다루는 행동치료나 작업치료 외에도 여러 가지 치료법을 통해 자폐아를 도와줄 수 있다. 예를 들어 학교에서 따돌림을 당한다면 놀이치료를 통해 자신감을 키워줄 수 있다. 남과 다르다는 자각으로 슬픔에 빠져 있다면 미술치료로 부정적인 생각을 떨쳐내게 할 수 있다. 그밖에도 다양한 치료 기법이 있다. 플로어 타임(floor time)이나 인지행동치료와 같은 치료법에서는 감정을 조절하고 관리하는 법을 배울 수 있다.

◉ 플로어 타임이란 무엇인가?

플로어 타임은 소아정신과 의사인 스탠리 그린스펀(Stanley Greenspan)이 고안한 치료법이다. 플로어 타임이란 부모가 아이의 활동 안으로 들어가서 아이가 주도하는 대로 관계 형성을 시작하는 데 드는 시간을 말한다. 일단 관계가 형성되면 부모나 보호자가 '의사소통의 원을 열고 닫기' 라는 복잡한 상호작용으로 이끈다.

플로어 타임의 핵심은 아무렇게 하는 듯 보이는 놀이를 특정한 반응을 이끌어내는 의도적인 행동으로 바꾸어서 아이의 부족한 의사소통 능력을 보완해주는 데 있다. 플로어 타임을 실시할 때는 기본적으로 다섯 단계를 거쳐야 한다.

· 관찰하기

· 의사소통의 원 열기

· 아이가 주도하는 대로 따르기

- 참견하지 않으면서 의견을 말하기
- 의사소통의 원 닫기

1단계 : 관찰하기

1단계 관찰하기의 목적은 아이의 문제와 강점을 이해하고 가장 효과적으로 아이에게 접근하여 관계를 맺는 방법에 관한 단서를 얻는 데 있다. 예를 들어 느긋하고 외향적인 아이는 제약이 심한 활동을 좋아하지 않을 수 있다. 반면에 불안해 하고 수줍음을 타는 아이는 긴장이 풀어지기까지 시간이 오래 걸리고 조용한 활동을 더 좋아할 수 있다.

2단계 : 의사소통의 원 열기

1단계를 마치면 의사소통의 원 열기 단계로 넘어간다. 2단계에서는 아이가 지금 이 순간에 관심을 보이는 것이 무엇인지 신중히 살펴보고 다가가야 한다. 예를 들어 아이가 장난감 자동차를 일렬로 세우는 데 열중한다면 보호자는 아이 옆에 다가가서 아이와 함께 자동차를 일렬로 세워준다.

3단계 : 아이가 주도하는 대로 따르기

아이가 주도하는 대로 따르고 원하는 것이 무엇인지 민감하게 파악한다. 자동차 줄 세우기를 그만두려고 한다면 보호자도 그만둬야 한다. 아이가 이끄는 대로 따르다보면 다음 단계를 준비하는 데 필요한 두 가지 목적을 달성하게 된다.

- 아이 스스로 환경에 영향을 미칠 수 있다는 사실을 깨닫는다.
- 자기가 하는 활동과 감정에 관심을 가져주는 사람이 있다는 느낌을 받는다.

| 4단계 : 참견하지 않으면서 의견을 말하기 |

아이가 다른 사람과 연결되고 이해받는다고 느끼기 시작하면 다음으로는 참견하지 않으면서 조금씩 말을 걸어볼 수 있다. '어머! 자동차가 정말 많네. 다들 어디로 가려는 걸까?' 라는 식으로 말한 다음에 힘찬 어조로 '아, 저기로 가는 길이구나!' 라고 덧붙일 수 있다.

| 5단계 : 의사소통의 원 닫기 |

아이는 보호자의 말을 듣고 '의사소통의 원을 닫으려' 할 수 있다. 이때 장난감 자동차를 모두 한 방향으로 밀거나 보호자가 가리키는 방향에서 벗어나게 할 수 있다. 그러면 보호자는 '아, 저기로 가려던 게 아니구나. 다른 길로 가고 싶었나 보구나!' 라는 식으로 말해서 다른 의사소통의 원을 열 수 있다. 이 놀이에서는 여러 개의 의사소통의 원이 연속으로 열렸다 닫힐 수 있다. 서로의 말과 행동을 통해 아이는 중요한 양방향 의사소통을 배우기 시작한다.

● 플로어 타임 기법은 자폐아에게 어떤 도움을 주는가?

그린스펀은 자폐증을 아이의 발달과정에서 생긴 문제로 본다.

- 자폐아는 또래 아이들보다 사회적 발달 수준이 낮기 때문에 사회적 상황에서 움츠리게 되는 것이다.
- 자폐아가 특정한 소리에 극도로 예민한 반응을 보이는 이유는 감각양식(sensory modality)이 완전히 발달하지 않아서 나타나는 증상일 수 있다.

감각양식이란 뇌에서 정보를 받아들이고 처리하며 적절한 반응을 내보내는 일련의 과정을 가리킨다. 따라서 그린스펀은 감각양식 간에 상호관계를 인식하고 조직화 할 수만 있다면 자폐증을 극복할 수 있다고 믿는다.

다시 말해서 구문 몇 개를 말할 수 있지만 양방향 의사소통을 온전히 이해하지 못하는 아이에게는 구문을 반복해서 많이 가르쳐준다고 해서 큰 효과를 보지 못한다. 그보다는 놀이를 통해 비언어적으로 의사소통하는 것이 효과적이다. 그 과정에서 의미 있는 방식으로 의사소통의 기능을 배우면서 치료될 수 있다.

◉ 인지행동치료란 무엇인가?

인지행동치료(Cognitive Behavioral Therapy : CBT)는 주어진 상황에 다른 방식으로 대응하도록 가르쳐서 변화를 유도하는 행동치료에서 개발된 치료법이다.

인지행동치료에서는 훈련받은 치료사가 다양한 기법을 동원하여 환자의 부적응적인 생각이나 (대체로 합리적이지 않은) '고정된' 사고방식에 이의를 제기하며 논리적이고 합리적으로 반응하도록 유도한다.

◉ 사회이야기 기법은 무엇인가?

사회이야기(Social Story)는 자폐아에게 주변 세상을 이해하고 반응하게 도와주는 치료법이다. 자폐증 환자를 치료하는 그레이사회학습 및 이해센터(Gray Center for Social Learning and Understanding) 소장인 캐롤 그레이(Carol Gray)가 1991년에 처음 개발한 기법이다. 사회이야기는 자폐아의 관점에서 아이와 그 상황에 관한 정보를 나누면서 아이가 주변 세계를 이해할 수 있도록 도와준다.

사회이야기 치료법에서 제시하는 이야기는 정해진 지침에 따라 단순하게 구성된다. 이야기마다 상황이나 개념이나 사회기술을 설명하여 아이에게 주어진 상황에서 무엇을 기대하고 무엇을 기대하지 말아야 할지 구체적으로 알려준다.

결과적으로 자폐아와 주변 사람들에 대한 사회적 이해가 향상된다. 다음은 캐롤 그레이가 쓴 《새로운 사회이야기》(New Social Story Book)에 실린 사회이야기의 한 예이다.

식탁에서 먹기

* 사람들은 주로 식탁에서 식사를 한다.
* 식탁에서 먹으면 깔끔하고 안전하게 식사할 수 있다.
* 나는 식탁에 앉아서 먹으려고 노력할 것이다.
* 내가 식탁에서 먹으면 엄마가 좋아하신다.

● 연재만화 대화법이란 무엇인가?

연재만화 대화법(comic-strip conversation)이란 사회이야기 치료법에서 나온 기법이다. 연재만화 대화법은 두 사람 이상이 간단한 그림으로 대화하는 기법이다.

이 기법에서는 사람들이 무슨 말을 하고 어떤 행동을 하며 어떻게 생각하는지를 강조한다. 기호와 색상을 활용하여 생각을 전달하고 이해를 돕는다. 예를 들어 초록색은 좋은 생각과 행복과 호의를 나타내는 반면, 붉은색은 나쁜 생각과 분노를 나타낼 수 있다.

사회이야기와 마찬가지로 연재만화 대화법은 자폐아가 사회적 관계를 이해하고 적절히 반응하도록 도와준다. 이 기법은 자폐아에게 시각적 장치를 활용하면 학습 능률을 높일 수 있다는 믿음에서 나온 치료법이다. 자폐아는 다른 사람의 생각과 동기를 알아채지 못하기 때문에 연재만화 대화법을 통해 상호작용에서 상대방의 생각과 감정을 이해하는 법을 배울 수 있다.

이 기법은 자폐증인 사람이 다른 사람의 관점에서 상황을 파악하도록 해준다. 더욱이 사회이야기를 개발하는 데 반드시 필요한 활동이기도 하다. 마지막으로 문제 상황을 시각적으로 다루면서 해결책을 찾는 데도 도움이 된다.

"자폐아에게 의사소통 방법을 가르치는
것은 자폐증이 아님에도 말을 못하는 아이를 가르칠 때와 약
간 다른 방식으로 접근해야 한다. 분노발작은 대부분 아이의
요구가 제대로 전달되지 않을 때 나타난다. 때문에 의사소통
하는 법을 배워서 자기 생각을 전달할 수 있게 되면 자연히
분노발작은 사라진다. "

Part 9

자폐증 치료에서 약물치료의 역할

아직까지는 자폐증을 치료하는 약물은 없다. 하지만 자폐증이 동반하는 부수적인 증상을 경감시키는 약은 나와 있다. 예를 들어 행동문제가 심해서 학습에 방해가 될 때는 과잉행동을 줄이는 약물을 써서 학습할 수 있는 조건을 만들어 줄 수 있다. 다만 약물은 문제행동을 일시적으로 줄여줄 뿐 약물치료가 행동치료를 대신할 수는 없다.

▶ 약물치료를 받아야 하는가?

공격성, 틱, 불안, 짜증, 과잉행동 같은 문제를 없애는 데는 약물치료가 유용할 수 있다. 그러나 약물치료를 시작하기 전에 먼저 아이의 문제를 정확히 파악하고 다른 방법으로 치료할 수 없는지 확인해야 한다.

자폐아에게 약물을 처방할 수 있는 자격은 소아과를 전공한 의사에게만 주어진다. 싱가포르에서는 소아과 의사, 소아신경과 의사, 소아정신과 의사만 자폐아에게 약물을 처방할 수 있다. 부모가 마음대로 아이에게 약을 먹여서는 안 된다.

▶ 어떤 약물을 처방할 수 있는가?

의사가 처방할 수 있는 약물은 다양하다. 아이의 증상과 문제에 따라 여러 종류의 약물을 처방할 수 있다. 약물을 처방할 때는 아이에게 적합한 약인지 알아보기 위해 검사를 거쳐야 할 수 있다.

사실 약물만으로 사회적 관계 문제와 의사소통 문제를 해결하기는 어렵다. 그러나 과잉행동, 충동성, 공격성, 강박증을 줄이는 데는 도움이 된다. 자폐증에 흔히 처방하는 약물로는 항정신병약, 항우울제, 불안완화제, 기분조절제, 각성제가 있다.

항정신병약

주로 정신분열증과 같은 정신장애에 쓰이는 약물이다. 그러나 공격행동, 짜증, 틱 증상을 줄이는 데 도움이 되기도 한다. 항정신병약으로는 기존의 할로페리돌Haloperidol, 클로르프로마진Chlorpromazine(라르각틸Largactil)이 있고 리스페리돈Risperidone(리스페달Risperdal)과 올란자핀Olanzapine(자이프렉사Zyprexa) 같이 새로 개발된 약도 있다.

항우울제

우울한 기분을 치료하는 데 쓰이는 약물이다. 불안증상과 강박행동이 줄어들수도 있다. 항우울제로는 이미프라민Imipramine과 플루옥세틴Fluoxetine(푸로작 Prozac)이 있다.

항불안제

불안증상을 줄이고 불면증을 치료하는 데 도움이 될 수 있다. 항불안제로는 디아제팜Diazepam(발륨Valium), 로라제팜Lorazepam(아티반Ativan), 알프라졸람Alprazolam(자낙스Xanax)이 있다.

기분 조절제

기분의 급격한 변화를 줄여주는 약이다. 고양된 기분에서 우울증까지 기분이 극단적으로 변하는 증상을 치료하는 데 쓰인다. 기분 안정제로는 리튬Lithium,

카르바마제핀Carbamazepine(테그레톨Tegretol), 소디움 발프로에이트 Sodium Valproate가 있다.

주의력 결핍 과잉행동 장애가 있는 아동에게 주로 쓰는 약물이다. 각성도, 주의력, 충동조절 능력을 향상시키고 운동과다증을 줄여준다. 싱가포르에서 흔히 쓰이는 각성제는 메틸페니데이트methylphenidate(리탈린Ritalin)가 있다.

▶ 약물이 부작용을 일으킬 수 있는가?

모든 약물에는 부작용이 있을 수 있다. 약물의 효과와 부작용을 비교하여 아이에게 적합한 약인지 신중히 판단해야 한다. 특정한 약물에 모든 아이가 부작용을 보이는 것은 아니며 대부분의 아이들은 약물에 부작용을 일으키지 않는다. 약물마다 나름의 부작용 정보가 있으므로 의사가 아이에게 맞는 약물을 처방해 줄 것이다.

자폐아에게 유용하다고 알려진 약물로는 클로니딘(Clonidine)이 있다. 과잉행동과 짜증을 줄여준다. 그러나 사회적 행동 문제를 없애는 데는 유용하지 않으며 자칫 졸음을 유발할 수 있다. 날트렉손(Naltrexone)은 과잉행동과 부주의는 줄여주지만 학습장애나 자해행동을 개선하는 데는 도움이 되지 않는다.

Part 10

대체 치료법이 도움이 되는가?

자폐증 치료를 위한 다양한 치료법을 연구하던 중에 기존의 자폐증 치료법과는 다른 새로운 치료 방법이 발견됐다. 그러나 새로운 치료법이 모두 경험적 연구를 통해 검증되지는 않았으며 그중 대다수는 치료 경험담에 지나지 않는다. 어떤 치료법이든지 먼저 객관적인 정보를 확보해서 아이에게 적합한 방법인지 판단한 다음에 적용해야 한다.

● 비타민을 복용하면 자폐증 치료에 도움이 되는가?

1973년에 미국인 의사 버나드 림랜드(Bernard Rimland)는 몇몇 자폐아가 비타민 B6를 다량으로 복용하고 자폐증이 호전됐다고 보고했다. 눈 맞춤이 좋아지고 자기 자극 행동(self-stimulatory behavior)도 줄어들고 언어능력이 발달했다고 한다. 비타빈 B6를 다량으로 복용한 다음에 짜증이 눈에 띄게 줄었기 때문에 이후에는 비타민 B6와 마그네슘을 투여하여 짜증을 줄이는 치료법으로 활용하기 시작했다.

다른 연구에서도 비타민 B6와 마그네슘을 함께 처방하는 방법이 효과가 있다고 보고했다. 그러나 연구방법에 결함이 있었기 때문에 이들 연구 결과를 전적으로 신뢰하지는 못했다. 자폐아에게 비타민 B6를 다량으로 투여하는 방법에 대한 과학적 근거가 없다.

● 멜라토닌과 세크레틴을 활용한 호르몬 치료법으로 자폐증을 치료할 수 있는가?

멜라토닌은 빛의 자극으로 분비되는 호르몬이다. 수면장애나 발달장애나 시각장애가 있는 사람에게 수면을 조절할 수 있도록 도움을 주는 호르몬이다. 일부 자폐아에게 도움이 되기는 하지만 다른 생체리듬에도 영향을 주기 때문에 장기간 사용하는 것은 바람직하지 않다.

한편 세크레틴은 소장에서 분비되는 호르몬이다. 정맥주사로 세크레틴을 주입하면 자폐증 증상 중에서도 특히 사회적 능력과 의사소통 능력이 개선될 수 있다고 주장된 바 있다. 세크레틴 주사를 맞고 월등히 좋아진 사례가 있다. 세크레틴의 효과를 입증하기 위해 수차례 임상실험이 실시됐지만 대체로 자폐증 증상이 호전되지 않았다.

한 연구에서는 만성으로 심하게 설사하는 자폐아의 경우 이상 행동이 줄어든 것으로 나타났다. 그러나 전체적으로 세크레틴이 자폐증 환자 치료에 도움이 된다는 증거는 충분하지 않다.

● 글루텐(gluten)과 카세인(casein) 성분을 섭취하지 않는 것이 자폐증 치료에 도움이 되는가?

어떤 아이는 몸에서 특정한 식품성분을 분해하지 못해서 신경학적인 문제를 일으킬 수 있다고 밝힌 연구가 있다. 이 연구를 바탕으로 일부 자폐아들이 글루텐과 카세인이라는 두 가지 단백질 성분을 소화시키지 못한다는 주장이 나왔다. 글루텐은 밀, 보리, 귀리에 함유된 단백질이고 카세인은 우유와 유제품에 들어있는 단백질이다.

글루텐과 카세인이 함유된 식품을 끊고 자폐증이 크게 호전된 사례도 보고됐다. 그러나 두 가지 단백질과 자폐증의 관계는 아직 과학적으로 검증되지 않았다.

● 청각통합훈련이란 무엇인가?

청각통합훈련이란 자폐증 환자는 무질서하고 비대칭적이며 과민하거나 둔감하게 소리를 인식한다는 이론을 바탕으로 개발된 치료법이다. 청각통합훈련을 통해 귀로 받아들이는 정보를 보다 효과적으로 조직화할 수 있다고 한다. 이 훈련은 열흘 동안 진행된다. 그러나 이 훈련에 관한 연구 결과가 거의 없는 실정이고, 게다가 이처럼 단순한 이론을 바탕으로 만들어진 치료법이 지속적인 효과를 낼 수 있을지 의문이다.

● 두개천골자극요법이 효과가 있는가?

두개천골자극요법이란 접골 요법(osteopathy)에서 나온 치료법이다. 미국에서 접골 요법을 실시하는 의사인 윌리엄 서덜랜드(William Sutherland)가 1930년대에 두개골 안에서 운동이 일어나며 호흡에 따라 뇌를 둘러싸고 있는 수액이 눈에 띄게 움직인다고 주장했다. 또 이런 운동이 신체적, 정신적, 정서적 건강에 영향을 미치고 두개골을 만져서 두개골 안의 움직임에 영향을 주어서 증상이 좋아질 수 있다고 믿었다. 하지만 지금도 두개천골자극요법이 자폐증에 효과적이라는 주장을 입증할 만한 자료가 부족하다.

● 특수 제작한 안경으로 자폐증을 치료할 수 있는가?

근육 불균형이나 빛 민감성이나 난시가 있는 아이에게는 안과 의사가 특수 제작한 안경을 착용하게 할 수 있다. 그러나 특수 안경으로 자폐증이 치료된다는 주장에는 과학적 근거가 없다.

● 면역요법이 도움이 되는가?

자폐아는 여러 가지 면역체계에서 이상을 보인다고 밝혀졌다. 면역체계 이상은 혈액의 세로토닌 수준에 영향을 미친다고 한다. 또 면역체계 이상으로 인해 자폐증이 발병할 수 있다고 한다. 따라서 자폐증 치료를 위해 정맥주사로 면역 글로불린을 주입하는 방법을 시험해왔다. 그러나 지금까지 나온 결과로는 효과를 장담하기가 어렵다. 게다가 약물을 주사하는 과정에서 실수로 혈액에 치명적인 병원체를 주입할 가능성도 배제할 수 없다.

◉ 혀에 침을 놓는 방법은 무엇인가?

침술이란 아주 가는 침을 놓아서 증상을 완화시키는 중국의 전통 치료법이다. 홍콩에서는 혀에 침을 놓는 방법이 자폐증에 어떤 효과를 보이는지 알아보기 위한 임상연구가 진행되고 있다. 연구에 참여한 의사들은 혀에서 40여 개의 침놓을 자리를 찾아냈다. 실험대상인 아이는 60여 차례 시술을 받으면서 혀의 세 군데 부위에 침을 맞는다. 침을 모두 맞는 데는 몇 초밖에 걸리지 않는다. 그리고 아이의 행동을 세세하게 기록하고 치료를 시작하기 전과 치료를 마칠 후의 상태를 평가한다. 뇌 영상도 찍는다.

지금까지 연구 결과로는 특이한 행동, 눈 맞춤, 언어, IQ, 사회적 관계, 정서 상태, 집중력이 개선된 것으로 나타났다. 그러나 임상실험에 참여한 의사들은 침술로 기적을 일으켜서 자폐아를 정상 아이로 바꿔놓을 수는 없다고 설명한다. 침술 치료에 대한 과학적 평가를 내리기까지는 아직 갈 길이 멀고 우선 연구를 끝까지 마무리할 필요가 있다.

Part 11

자폐아와 소통하기

사람들은 다양한 수준에서 의사소통한다. 몸짓과 비언어적 대화에서 산문이나 시에 이르기까지 의사소통 방식은 다양하다. 자폐증인 사람은 말을 할 줄 아는지 여부를 떠나 무엇보다도 정서적 대화(affective communication)가 이루어지지 않는다. 정서적 대화란 사람(이나 대상)과 소통할 때 감정을 전달하는 의사소통 방식을 말한다. 그러나 자폐증이라고 해서 감정을 전혀 느끼지 못하거나 다른 사람과 감정을 나누지 않아도 된다는 뜻은 아니다. 다만 남과 더불어 감정을 나누는 방법을 모를 뿐이다.

자폐아에게 의사소통 방법을 가르치는 것은 자폐증이 아님에도 말을 못하는 아이를 가르칠 때와 약간 다른 방식으로 접근해야 한다. 분노발작은 대부분 아이의 요구가 제대로 전달되지 않을 때 나타나기 때문에 의사소통하는 법을 배워서 자기 생각을 전달할 수 있게 되면 자연히 분노발작은 사라진다.

▶ 자폐아의 의사소통 능력을 길러주는 효과적인 방법은 무엇인가?

아이가 의사소통 수준이 어느 정도인지와는 상관없이 자폐아에게는 정서적 대화 능력을 길러주는 것이 매우 중요하다. 가령 행동으로 표현하는 아이에게는 함께하는 놀이(엄마가 아이에게 공을 던지고 아이가 다시 엄마에게 공을 던지는 놀이)를 통해 의사소통 방식을 가르치는 편이 낫지, 감정을 담지 않은 틀에 박힌 말을 주입시키는 방법은 아무런 효과를 거두지 못한다.

몇 마디 구문을 구사할 줄 아는 아이에게는 몇 마디만으로 생각을 전달하는 법을 가르치는 편이 났다. 억지로 완벽한 문장을 구사하게 해봤자 어차피 무슨

뜻인지 이해하지 못한다. 더디더라도 아이가 발달해가는 과정을 인내심을 갖고 지켜보면 새로운 의사소통 방식을 습득해가는 아이의 모습에 놀랄 것이다. 아이가 대화에서 즐거움을 맛보기 시작하면 큰 변화가 일어난다.

➤ 아이에게 말하는 법을 가르칠 수 있는가?

이 문제에 관해서는 학파마다 의견이 다르다. 행동주의 학파에서는 자폐아에게 단어와 어구를 반복해서 가르치면 노력한 만큼 보상을 얻게 될 것이라고 본다.

말을 한 마디도 하지 않는 아이에게는 사진교환의사소통체계(The Picture Exchange Communication System : PECS)라는 의사소통 방식을 주로 사용한다. 언어치료사의 도움을 받을 수도 있다.

그러나 무엇보다도 아이에게 계속 말을 붙여서 말을 이해할 수 있는 수준으로 끌어올리는 것이 중요하다. 또 다양한 비언어적인 방식으로 의사소통하도록 격려해서 의사소통 능력을 길러줄 수 있다.

➤ 의사소통 촉진 기법이 자폐아에게 도움이 되는가?

의사소통 촉진(facilitated communication)이란 중증 발달장애인 아이에게 의사소통 능력을 길러주는 기법이다. 타자기나 컴퓨터 자판으로 편지나 단어나 어구나 문장을 입력하게 한다. 의사소통 촉진 기법에서 촉진자(facilitator)는 아이가 원하는 글자를 누르도록 옆에서 도와주되 글자를 고르는 데는 관여하지 않는다. 그러나 이 기법이 얼마나 효과가 있는지 보여주는 증거는 충분하지 않다.

➤ 사진교환의사소통체계란 무엇인가?

사진교환의사소통체계(PECS)는 1987년에 개발된 의사소통 기법으로 자폐아의 의사소통 능력을 개발해준다. PECS에서는 특정한 소리를 내거나 특정한 단어를 반복하도록 가르치는 것이 아니라 의미 있는 소통을 중시한다. 아이는 갖고 싶은 물건이 찍힌 사진을 부모에게 건네주고 부모는 아이의 요구를 존중해준다. 예를 들어 배가 고프면 샌드위치 사진을 고르고, 걷고 싶으면 신발 사진을 고르는 식이다.

아이의 의존성을 부추기지 않으려면 부모가 말로 대답해주지 말아야 한다. 그래야 스스로 대화를 시작해서 의사를 전달하는 법을 배울 수 있다. 이런 방식으로 아이의 동기를 유발할 수 있다.

말을 가르치는 데 중점을 두지 않는 의사소통 기법을 적용하면 앞으로 아이의 언어 능력 발달에 좋지 않은 영향을 끼칠까봐 우려하는 사람도 있다. 그러나 여러 연구에 의하면 PECS는 오히려 언어발달을 향상시킨다는 결과가 나왔다.

PECS 기법을 훈련받은 치료사는 부모가 아이에게 맞는 프로그램을 개발하도록 도와줄 수 있다. PECS는 아이와 가족 모두가 참여해야 하는 집중적인 프로그램이다.

● 아이가 말을 잘 듣게 하려면 어떻게 해야 하는가?

자폐아에게 지시사항을 전달할 때는 명확하고 구체적이어야 한다. 예를 들어 '엄마는 네가 의자 위로 기어 올라가는 게 싫어. 텔레비전 볼 때는 의자에 가만히 앉아 있어야 돼.' 라는 표현이 '다시는 이런 짓 하지 마!' 라고 말하는 것보다 바람직하다.

길게 이어지는 과제를 시킬 때는 시각 자료를 이용해서 지시사항을 전달할 수 있다. 자폐아는 대체로 말로 제시되는 정보보다는 그림이나 기호나 단어처럼 시각적으로 제시되는 정보에 잘 반응한다.

성재가 의사소통을 습득한 과정

다섯 살인 성재는 이제 겨우 한두 마디 말하기 시작했다. 여느 아이들과 달리 성재는 다른 사람과 간단한 의사소통도 나누지 못한다. 갖고 싶은 물건을 가리키지도 않고 친근한 얼굴을 보고 웃지 않는다. 아이들이 놀이에 끼워주지 않을 때도 실망한 표정을 짓지 않는다. 다른 아이들한테 관심이 없고 자기 안의 세계에 빠져 혼자 시간을 보낸다. 자기가 무엇을 원하는지 부모가 알아듣지 못하면 분노발작을 일으킨다.

네 살이 되던 무렵에 성재의 부모는 아이를 임상심리사에게 데려갔다. 성재는 아동기 자폐증(Childhood Autism) 진단을 받았다. 임상심리사는 구조화된 행동치료를 실시하여 성재에게 매일 해야 할 일을 엄격히 훈련했다. PECS도 병행하여 성재가 갖고 싶은 것을 표현하도록 도와주었다. 여러 가지 치료법을 병행한 덕에 성재의 부모는 성재와 의사소통을 시작하고 성재가 무엇을 원하는지 알게 되어 결과적으로 분노발작이 크게 줄었다. 최근에는 '물'이나 '차'처럼 한 글자로 된 단어를 말하기 시작했다. 또 다른 아이들과 간단한 말주고받기(turn-taking) 놀이를 할 수 있게 되었다.

Part 12

자폐아 교육하기

아이들은 누구나 교육받을 권리가 있다. 자폐증이 있든 없든, 또 IQ가 높든 학습장애가 있든, 누구에게나 배우고 성장할 잠재력이 있다. 고기능 자폐아든 중증 자폐아든 나름의 문제점과 강점을 가지고 있다.

하지만 자폐아를 가르치기 위해서는 보통 아이들과 다르게 접근해야 한다. 기능 수준이 떨어지는 자폐증 성인이나 아동을 위한 복지시설이 있다. 이곳에서는 관리자가 감독하는 구조화된 상황에서 일할 수 있는 기회를 제공한다.

● 응용행동분석 기법이 자폐아 교육에 도움이 되는가?

응용행동분석(Applied Behavioral Analysis : ABA)이란 상황에 맞는 유용한 행동을 늘리고 문제 행동을 줄이는 과학적인 기법이다. 모든 기술을 분리된 작은 단위로 나누고 정확하고 체계적인 방식으로 훈련한다.

최근의 연구에 의하면 자폐아에게 응용행동분석 원리에 따라 집중적인 행동 기법을 조기에 실시하면 눈에 띄는 효과를 볼 수 있다고 한다. 1987년에 실시된 연구에 의하면 집중적인 행동기법으로 훈련받은 자폐아들이 많이 좋아져서 특별한 도움을 받지 않고도 일반 학교에 다닐 수 있었다고 한다. 정상적인 지적 능력과 학습 능력을 회복한 이 아이들을 최고의 결과 집단이라고 했다. 몇 년 뒤에 실시된 추수연구 결과 이때 얻은 효과가 청소년기까지 이어진 것으로 나타났다.

응용행동분석에 기반을 둔 치료법은 일상생활을 무리 없이 해나가는 데 필요한 다양한 능력을 중심으로 훈련한다. 여기에는 언어 능력, 사회 능력, 놀이 능력, 학습 능력, 스스로를 돌보는 능력이 포함된다. 훈련은 적극적으로 실시한다. 예를 들어 주의를 집중시켜 모방하게 하고, 아이에게 맞는 의사소통 언어(말이나 그림을 활용할 수 있음)를 사용하고, 애정을 주고받고, 다른 아이들과 어울리는 등 여느 아이라면 따로 가르치지 않아도 되는 기술을 적극적으로 훈련시킨다. 프로그램은 치료사가 아이의 집에 방문하여 일대일로 진행하며 일주일에 몇 시간씩 강도 높게 실시한다.

4세 미만의 어린 나이에 치료를 시작한 경우 가장 좋은 효과가 나타나고, 4세 이상을 비롯해 자폐증 정도가 다른 아이들도 응용행동분석 기법으로 효과를 볼 수 있다. 효과를 보는 정도는 천차만별이며 또 모두에게 좋은 결과가 나타나는 것은 아니다. 하지만 여러 가지 중요하고 유용한 영역에서 변화가 일어나고 또 대부분 바람직한 효과가 나타났다.

싱가포르의 자폐아를 돌보는 학교와 복지시설에서는 대부분 응용행동분석 기법을 실시한다. 다른 기법과 함께 자폐아를 위한 교과과정에 포함할 수 있다.

◉ TEACCH란 무엇인가?

TEACCH란 자폐증과 의사소통장애 아동의 처치와 평가 프로그램(Treatment and Education of Autistic and related Communication-handicapped CHildren)의 약어다. TEACCH는 1970년대 초반에 미국 노스캐롤라이나 대학의 에릭 쇼플러(Eric Schopler)가 개발했다. 주로 자폐증인 사람의 능력과 관심사와 욕구에 관심을 둔다.

TEACCH는 '구조화된 교육' 을 근간으로 한다. 자폐아의 일상생활을 구조화해서 시간표와 작업체계를 세우고 물리적 환경을 조직화하며 기대 수준을 명확히 설정한다.

TEACCH의 목표는 아이의 강점과 관심사를 개발해주는 데 있지 약점에 치중해서 훈련하지 않는다. 이 프로그램은 아이의 동기를 북돋워주고 상황에 대한 이해력을 길러준다. 더불어 사회 활동과 여가 활동을 비롯한 생활의 전반을 훈련시킨다. 같은 원리를 아이의 일생에 적용하여 나중에 독립적으로 직업생활을 해나갈 수 있게 훈련시킨다. 따라서 TEACCH의 궁극적인 목표는 아이가 의미 있고 독립적으로 살아가도록 도와주는 데 있다.

싱가포르의 자폐아를 보살피는 특수학교나 교육 프로그램에서는 대부분 TEACCH를 교과과정에 넣고 있다. 자폐아를 둔 부모도 가정에서 TEACCH의 원리를 실천할 수 있다. 또 일반 학교에 다니는 자폐아는 TEACCH의 도움을 받아 학교생활을 효율적으로 조직화할 수 있다.

● 자폐아가 학교 수업에 집중할 수 있게 하려면 어떻게 해야 하는가?

자폐아는 환경에서 온갖 혼란스런 자극을 받기 때문에 환경에 다양한 장치를 설정해서 환경에서 오는 자극을 줄여야 한다.

학교에서 교사는 다음과 같은 역할을 수행해야 한다.

· 아이를 교실 맨 앞에 앉힌다. 아이가 수업에 집중하는 데 도움이 된다. 또 자주 질문해서 주의를 끈다.

· 비언어적 단서로 일정한 체계를 만든다. 예를 들어 책상을 두드리면 집중하라는 뜻이 될 수 있다.

· 짝을 지어주어 아이의 학교생활을 도와주고 수업에 집중하라고 일러주게 한다.

· 자폐아는 청각 단서보다는 시각 단서에 반응하는 경향이 있으므로 수업시간에 시각적 보조 자료와 메모를 자주 사용한다.

● 집단 따돌림을 막는 방법은 무엇인가?

　자폐아는 학교에서 괴롭힘이나 집단 따돌림을 당하는 일이 많다. 자폐아는 지나치게 직선적이고 돌려서 말하는 법을 모르기 때문에 따돌림의 대상이 되기 십상이다. 또 사회적 단서를 해석하는 능력이 떨어져서 따돌림이나 괴롭힘을 당한다. 아이가 따돌림을 당한다는 의심이 들면 부모는 다음과 같은 조치를 취해야 한다.

· 아이와 교사와 같은 반 친구들에게 물어서 학교에서 무슨 일이 벌어지고 있는지 자세히 알아본다.
· 따돌림이나 괴롭힘을 당할 때 해야 할 구체적인 행동을 가르친다.
· 친구들이 따돌리는 것을 알아채고 따돌림에서 벗어나는 법을 가르친다.

● 가정에서는 자폐아를 어떻게 도와줄 수 있는가?

　부모는 다음과 같은 방법으로 자폐아를 도울 수 있다.

· 할 일이나 숙제를 작은 단위로 나눈다. 그러면 스트레스가 줄어들고 주어진 일을 완수할 가능성이 높아진다.
· 단순한 일부터 시작하게 해서 할 수 있다는 생각을 갖게 한다.
· 보상과 긍정적인 강화를 제시하여 아이의 동기를 유발한다. 성취감을 느끼게 되면 자존감도 높아진다.
· 생생한 시각 자료를 활용하여 공부에 대한 흥미를 끌어낸다.

Part 13

가정에서 자폐증에 대처하기

자녀가 자폐증 진단을 받으면 부모는 좌절하기 마련이다. 부모는 슬픔, 분노, 절망감을 느낀다. 이런 부모의 심정을 이해할 수 있다. 아이가 성장하면서 온갖 문제에 부딪힐 때도 이런 감정이 다시 고개를 들 것이다.

● 아이를 자폐증이라고 '낙인찍음'으로써 아이의 미래를 잘못된 방향으로 이끄는 것은 아닌가?

우선 아이를 병원에 데려가 진단받은 것은 올바른 선택이다. 일단 진단을 받으면 아이의 행동과 요구를 전보다 잘 이해할 수 있다. 아이에게 필요한 치료를 받게 해줄 수도 있다. 자폐증은 적절한 치료를 받으면 증상이 호전될 수 있다.

자폐증을 치료하기 위한 첫 걸음을 떼는 일도 중요하지만 치료를 꾸준히 받아서 호전된 상태를 유지하는 것이 중요하다.

● 너무 많은 주의를 기울여야 하는 아이 때문에 덫에 걸린 기분이 든다면 어떻게 해야 하는가?

아이와 시간을 보내는 것도 중요하지만 부모가 자신의 삶을 돌보지 않으면 스트레스가 누적되고 나중에는 절망감과 분노감에 사로잡힐 수 있다. 배우자나 조부모나 형제와 같은 다른 가족들의 도움을 받아 모두가 함께 아이를 돌보게 해야 한다. 가끔은 다른 사람에게 아이를 부탁하고 부모 자신의 삶을 위한 시간을 마련해야 한다. 그렇게 하면 기분전환도 되고 건강한 생활을 꾸려나갈 수 있어서 장기적으로는 부모와 아이 모두에게 도움이 된다.

◉ 스트레스를 받으면 어떻게 대처해야 하는가?

자폐아를 돌보는 일은 어렵고도 힘든 과정이다. 혼자만 무거운 짐을 짊어져야 한다는 생각이 들면 특히 외로워진다. 그러나 세상에는 자폐아를 키우면서 험난한 길을 헤쳐 나가는 부모가 많기 때문에 결코 혼자가 아니다.

스트레스를 받으면 다음과 같은 조치를 취해야 한다.

· 다른 사람에게 속마음을 털어놓는다. 가족이나 친지가 귀담아 들어주면 든든한 힘이 될 수 있다.
· 아이를 진단한 전문가에게 걱정거리를 털어놓고 상담을 받는다.
· 상담 받을 수 있는 기관을 찾아간다.
· 자폐아를 키우는 다른 부모와 알고 지낸다. 서로의 심정을 이해하고 치료를 위한 조언을 나눌 수 있다.

◉ 자폐아의 형제나 자매에게 자폐증을 어떻게 설명해야 하는가?

자폐아의 형제나 자매에게 자폐증이 무엇인지 설명할 때는 나이와 인지능력을 고려한다. 나이가 어리면 자폐증인 형제나 자매가 '말을 잘 못하고' 부모의 손길이 더 필요한 아이라는 정도만 알아들을 것이다. 손위의 형제나 자매라면 동생의 문제를 충분히 알고 동생이 왜 특별 대우를 받는지 이해할 수 있다.

◉ 다른 자녀가 자폐증인 형제나 자녀를 대할 때 문제가 생길 수 있는가?

자폐아를 형제나 자매로 둔 아이는 나름대로 어려운 시간을 보낸다. 부모로부터 소외당해서 자폐증 형제를 질투하거나 싫어하고 창피하게 생각할 수 있다.
충분히 이해할 수 있는 감정이다. 따라서 부모는 자폐아 말고 다른 자녀와 보내
는 시간을 따로 마련해야 한다. 그러면 다른 자녀도 부모에게 사랑받고 소중한
아이라는 느낌을 받을 수 있다. 아이가 무엇을 원하는지 관심 있게 알아보아야
한다. 그리고 아이가 바람직한 행동을 하면 꼭 칭찬해준다.

더불어 아이가 자폐아 형제나 자매와 친하게 지내도록 격려해준다. 자폐아의
일상에 적극 참여하게 하고 열심히 노력한 만큼 칭찬해준다. 그러면 형제나 자
매 사이에 관계가 좋아질 수 있다.

아이들을 솔직하게 대하고 형제들끼리 겪는 갈등을 귀담아 들어준다. 합당한
생각이면 받아주고 가급적이면 아이의 바람대로 고쳐나간다. 일부 기관에서는
'자폐아의 형제들을 위한 캠프' 를 열기도 한다. 이곳에 참가하면 특수한 어려움
을 겪는 자폐증 형제나 자매를 깊이 있게 이해하고 전보다 잘 대할 수 있다.

● 자폐아가 공공장소에서 난처한 행동을 할 때 어떻게 해야 하는가?

자폐아는 사회 기술이 서툴러서 어떤 행동이 부적절한지 모를 수 있다. 길거
리에서 사람들이 쳐다보고 아이에 대해 안 좋은 말을 하고 지나가더라도 좌절해
서는 안 된다.

아이가 보이는 이상행동을 치료자에게 알려야 한다. 대부분의 행동은 고칠 수
있다. 언어 능력이 있는 아이에게는 특정한 상황에 대한 '규칙' 을 제공하거나
'사회 이야기' 를 들려줘서 적절한 행동을 가르친다. 아이를 집에서만 키우면 사
회로부터 더욱 격리되어 학습의 기회를 빼앗는 결과만 낳게 된다.

Part 14

자폐아의 미래

자폐아는 적절한 치료를 받으면 분명 좋아진다. 행동 문제를 바로잡고, 경직된 태도도 바꾸고, 의사소통 능력도 기르고, 사회 기술도 가르칠 수 있다. 그러나 자폐증 자체를 '치료' 할 수는 없다. 어른이 되서도 자폐증 증상이 지속되긴 하지만 시간이 흐르면서 문제 행동이 바뀌거나 줄어들 수는 있다.

● 자폐아의 지능은 어느 정도인가? 나이가 들면 어떻게 되는가?

자폐아의 지능은 저마다 다르다. 자폐아의 4분의 3이 지적장애 수준인 반면 나머지는 지능 수준이 평균이나 평균 이상이다. 중요한 점은 아이의 지능 수준이 어느 정도이든지 누구에게나 학습하고 성장할 잠재력이 있다는 사실이다. 자폐아를 키울 때는 학교 성적에만 관심을 둘 것이 아니라 사회기술을 습득하고 의사소통 능력을 기르도록 지원해주는 것이 무엇보다 중요하다.

● 자폐아도 교육을 받을 수 있는가?

아이마다 능력과 교육적 요구가 다르다. 아이의 요구에 맞는 학교에 보내야 한다. 아이에게 적합한 학교를 선택할 때는 먼저 의사나 임상심리사와 상담할 필요가 있다. 일부 고기능 자폐아는 일반 학교에 보낼 수 있다. 그러나 반 친구들과 어울리지 못하는 등 여러 가지 문제로 인해 자칫 아이가 스트레스를 받을 수 있다. 일반 학교에 다니면서 잘 적응하게 하려면 가족과 학교에서 추가적인 지지를 해줘야 한다.

고기능 자폐아라 해도 일반 학교에 다니다보면 사회화 문제와 같은 여러 가지 문제에 부딪히기 때문에 스트레스를 받을 수 있다. 자폐아에 맞는 교과과정이 있고 아이에게 관심을 더 기울여주는 특수학교가 도움이 될 수 있다.

◉ 자폐아를 특수학교에 보내야 하는가?

아이가 일반 학교에서 적응하지 못하면 담임교사와 상담해야 한다. 싱가포르의 경우 모든 초등학교에 상주하는 교육 심리학자가 아이를 특수학교에 보내는 편이 나을지 조언해줄 수 있다. 그러나 특수학교든 일반학교든 어느 정도는 자폐아에 맞게 교실 환경을 바꾸어서 아이가 잘 적응하고 교사가 수업을 원만하게 이끌어 나갈 수 있는 환경을 조성해야 한다.

◉ 자폐아가 어른이 되면 어떻게 되는가?

자폐아가 어른이 된 후의 모습 역시 사람마다 다르다. 자폐증이 여러 가지 증상을 아우르는 장애이기 때문이다.

· 일부 자폐증 성인은 일상생활에서도 다른 사람이 보살펴주어야 한다.
· 일부 자폐증 성인은 일상생활에서 일정한 부분은 독립적으로 해나갈 수 있다. 단순한 작업을 위주로 하는 직업생활을 유지하면서 필요한 일을 스스로 해결하기도 한다.
· 일부 고기능 자폐증인 성인은 정상적으로 살아가긴 하지만 남과 어울리는 데 약간의 문제를 안고 있다.

적절히 계획하고 조기에 치료하면 자폐아의 미래는 밝다. 아이에게 독립심과 스스로를 돌보는 능력을 길러주면 일상생활을 스스로 해나갈 수 있다.

자폐증이라도 다 다른 것처럼 업무 수행 능력도 사람마다 다 다르다. 자폐증 성인은 스스로를 돌보는 능력처럼 생활하면서 독립심을 유지하는 일에 주력해야 한다. 일부 자폐증 성인은 관리자가 있는 안전한 상황에서는 제품을 포장하거나 정리하는 식의 구조화된 단순한 작업을 할 수 있다.

또 청소처럼 몇 단계 절차가 필요한 작업을 해내는 사람도 있다. 간혹 자폐증을 겪지만 어려운 직업을 갖는 사람도 있다. 대체로 자폐증인 사람은 구조화되고 예측 가능한 직업을 잘 수행하는 경향을 보인다.

반면에 자폐증인 사람 중 일부는 특별한 재능이 있어서 예술이나 수학 등 재능에 맞는 분야에서 직업생활을 영위할 수 있다. 영국의 수학자이자 물리학자인 아이작 뉴턴과 네덜란드의 화가 빈센트 반 고흐에게 자폐증이 있었다고 전해진다. 한편 아스퍼거 증후군을 보이는 사람 중에는 학문 분야에서 높은 성취도를 보이는 사람도 있다.

연구에 따르면 조기에 개입할수록 자폐아의 예후가 좋아진다고 한다. 그밖에 긍정적인 예후를 나타내는 요인으로는 아이의 지능 수준과 의사소통 능력이 있다.

Part 15

어디에서 도움을 받을 수 있는가?

자폐아를 자녀로 둔 부모는 자녀에게 어떻게 도움을 줘야 할지 막막하다. 이들에 대한 공교육 체계가 미비하다보니 어떻게든 학교에 들어가기 전에 치료해야 한다는 강박감에 시달리는 경우가 많다. 하지만 자폐는 치료기간을 길게 봐야 한다. 성장에 맞춰 치료계획을 수정해 주고 정기적으로 소아정신과 전문의와의 상담을 통해 특수 교육 및 치료를 해야 한다.

▶ 부모와 자녀가 도움을 받을 수 있는 곳

| 자폐 관련 전문 사이트 |

- **한국자폐학회** www.autism.or.kr
- **한국인지과학연구소 부설 자폐증 클리닉센터** www.autismcenter.or.kr
- **한국인지과학연구소 부설 자폐아 싸이버 치료 교육** www.cyberclinic.or.kr
- **사단법인 한국 자폐인사랑협회** www.autismkorea.kr
- **이화특수교육센터** www.ewhaspedu.net
- **발달장애아가족모임** www.jape.co.kr
- **자폐아동생활공동체** lovehills.org

우리나라의 경우 각 시 교육청에 상담교사를 두고 상담서비스를 제공하고 있다. 또한 시·도에 설치된 청소년상담실과 정신보건센터에서도 아동·청소년 상담을 받을 수 있다.

| 교육청 상담 서비스 |

우리 나라는 각 시교육청에 전문 상담교사를 배치하고 있다. 학습, 행동, 정서적인 측면에서 어려움을 느끼는 아이들의 부모나 교사는 교육청의 전문 상담교사에게 문의하면 상담을 받을 수 있다. 학부모가 직접 교육청에 문의하거나 학교의 상담교사에게 상담을 요청하면 교육청 상담교사에게 연결시켜 준다.

| 청소년상담실(청소년상담지원센터) |

우리 나라의 각 시·도에는 대부분 청소년상담실이 설치되어 있는데, 아동·청소년의 학습, 정서, 사회, 행동 문제 전반에 대한 상담이 가능한 곳이다. 각 분야별 전문가가 있어 상담이 필요한 아동·청소년이 의뢰하면 아동·청소년의 문제 유형과 문제의 심각도 등을 평가하여 개인 상담이나 집단 상담을 받도록 하거나 교육프로그램을 소개하는 등 적절한 도움을 제공한다.

| 정신보건센터 |

지역 주민의 정신건강을 위해 설치된 정신보건센터에서도 아동?청소년 상담 서비스를 제공하고 있다. 정신보건센터에는 일반적으로 정신보건임상심리사, 사회복지사, 간호사가 함께 일하고 있다. 따라서 면담과 심리검사를 통해 고민이나 문제의 심각도, 유형 등을 파악한 후 상담을 해 주거나 병원, 복지관, 전문 상담실 등으로 연계가 잘 이루어진다.

| 전문 상담기관 |

소아·청소년 정신보건센터

- 서울　　　소아·청소년 광역정신보건센터 www.youthlove.or.kr 02-2231-2188~6
- 성남　　　소아·청소년 정신보건센터 www.withchild.or.kr 031-754-3220

전국 청소년종합상담실

한국청소년 상담원 www.kyci.or.kr 02-2253-3811

- 서울   청소년종합상담실 www.teen1318.or.kr 02-2285-1348
- 부산   청소년종합상담실 www.cando.or.kr 051-804-5001
- 대구   청소년종합상담실 www.teenhelper.org 053-635-2000
- 인천   청소년종합상담실 www.teenhelper.org 032-891-2000
- 광주   청소년종합상담실 www.kycc.or.kr 062-232-2000
- 대전   청소년종합상담실 www.dycc.or.kr 042-257-2000
- 울산   청소년종합상담실 www.counteen.or.kr 052-227-2000
- 강원도   청소년종합상담실 www.gycc.or.kr 033-256-2000
- 경기도   청소년종합상담실 www.hi1318.or.kr 031-237-1318
- 충청북도   청소년종합상담실 www.cyber1004.or.kr 043-258-2000
- 충청남도   청소년종합상담실 www.nettore.or.kr 041-554-2000
- 전라북도   청소년종합상담실 www.gominssak.or.kr 061-724-2000
- 경상북도   청소년종합상담실 www.we7942.or.kr 054-859-2000
- 경상남도   청소년종합상담실 www.specialfriend.or.kr 055-273-2000
- 제주도   청소년종합상담실 www.doum1004.or.kr 064-746-7179

전국 정신보건센터

- 서울   성동구 www.mindcare.or.kr 02-2298-1080, 2082

    동작구 www.seoulmind.net 02-820-1454,6

    송파구 www.seoulmind.net 02-421-5871 / 5873

    강남구 www.smilegn.net 02-2226-0344, 7489

    성북구 http://sbucmhc.or.kr 02-969-8961, 6926

    도봉구 www.dobongmind.com 02-900-5783-4

    서초구 02-529-1581-3 강동구 02-471-3223 강북구 02-985-0222, 0343

    강서구 02-2657-0190-3 구로구 02-861-2284-6 광진구 02-452-1563, 1520

    노원구 02-950-3756/ 4346 서대문구 02-337-2165 / 2176

영등포구 02-2670-4793 **중랑구** 02-490-3805, 3422-3804

- **부산**   **부산광역시** 051-242-2575

  금정구 www.bigshot.co.kr 051-583-2600-3

  부산진구 051-638-2662 **북구** 051-334-3200

- **대구**   **서구** www.seogumhc.org 053-564-2595

  수성구 www.belami.co.kr 053-765-5860

  북구 www.eosmhc.or.kr 053-353-3631

  달서구 http://mentalhc.or.kr 053-637-7851-2

  동구 053-983-8340-1

- **인천**   **중구** www.happymind.or.kr 032-760-6090-11

  서구 http://ismhc.or.kr 032-560-5039, 5006

- **광주**   **동구** www.hmt.or.kr 062-233-0468, 608-2768

  서구 www.haniemhc.or.kr 062-370-2512

  북구 www.gjw.or.kr 062-267-5510

- **대전**   **서구** www.emind.or.kr 042-483-7942

  대덕구 my.dreamwiz.com/tdmhc 042-931-1672

- **울산**   **남구** www.usmhc.or.kr 052-227-1116

  동구 www.usdmental.com 052-233-1040

- **경기**   **부천시** www.bucheonlove.co.kr 032-654-4024-8

  시흥시 http://smhc.shhealth.go.kr 031-316-6661, 3

  과천시 www.kcmhc.or.kr 02-504-4440, 4443

  이천시 www.imhc.co.kr 031-637-2330-1

  고양시 www.goyangmaum.org 031-968-2333, 966-2885

  성남시 www.sncmhc.com 031-754-3220, 3205

  동두천시 www.cmhc.or.kr 031-863-3632

  안산시 www.ansancmhc.or.kr 031-411-7573

  안양시 www.telepsy.co.kr 031-469-2989

  구리시 www.gmhc.or.kr 031-550-2007

용인시 www.ycenter.or.kr 031-286-0949

화성시 http://hsmind.or.kr 031-369-2892

의정부 www.umind.or.kr 031-828-4567

광주시 www.gjcmhc.or.kr 031-762-8728

남양주 www.ourmind.co.kr 031-592-5891-2

연천시 www.yccmhc.or.kr 031-832-8108, 031-830-2131~2

오산시 www.childcenter.or.kr 031-374-8680, 373-8680

의왕시 www.uwcmh.com 031-458-0682

하남시 www.cmhc.co.kr 031-790-6558 수원시 031-247-0888,4443

이천시 031-637-2330-1 평택시 031-658-9818 김포시 031-998-4005

군포시 031-461-1771

- 강원 춘천시 http://chmhc.org 033-241-4256
- 충북 청원군 www.cheongwoncenter.or.kr 043-251-4951-3

제천시 www.jcmind.or.kr 043-646-3074-5

- 충남 아산시 psychiatry.hallym.ac.kr/asan/ 041-537-3455-6

천안시 http://cancenter.or.kr 041-578-9709, 9711

- 전북 군산시 www.ksmhc.or.kr 063-450-4496, 451-0363

전주시 www.ccmhc.com 063-273-6996

익산시 http://iksanmh.or.kr 063-841-4235

정읍시 www.jemhc.or.kr 063-535-2101

- 전남 영광군 http://ykcenter.com 061-350-5666

나주시 www.najumind.or.kr 061-333-6200

- 경북 포항북구 http://iphhealth.ipohang.org 054-247-2469

구미시 http://phc.gumi.go.kr 054-456-8360

안동시 www.andongmind.com 054-856-9900

- 경남 창원시 http://cwmhc.or.kr 055-287-1223

마산시 055-240-2282

김해시 http://mental.gimhae.go.kr 055-329-6328

- 제주   제주시 www.jmhc.co.kr 064-750-4217, 4214

전국 아동발달센터

- 서울   **은평아동발달센터** www.childspeech.co.kr   02-388-0526

            스피치몰 www.speechmall.co.kr 02-885-1555

            목동아동발달센터 www.icenter.or.kr 02-2655-1154

- 인천   **부천중동아동발달센터** www.jsspeech.net 032-325-2121

            계양아동발달센터 www.75center.co.kr 032-524-2675

- 울산   **울산아동발달센터** www.ulsancenter.com 052-224-8879

- 경기도   **화성행복한아동발달센터** www.happycenter.co.kr 031-234-1333

            광명아동발달센터 www.igym.co.kr 02-2688-0188

            김포아동발달센터 www.gimpocenter.com 031-983-7550

자폐를 겪는 아이들

1판 1쇄 인쇄 2009년 3월 2일
1판 1쇄 발행 2009년 3월 5일

지은이_성민, 레나 헹
옮긴이_문희경
펴낸이_정원정, 김자영
편집_홍현숙 | 디자인_김민정 | 마케팅 · 영업_김승지

펴낸곳_즐거운상상
주소_서울시 용산구 문배동 11-14 이안1차 101동 오피스텔 202호
전화_02-706-9452 | 팩스_02-706-9458 | 전자우편_happywitches@naver.com
출판등록_2001년 5월 7일
인쇄_갑우문화사

ISBN 978-89-92109-36-9